Adobe InDesign CC 2018
版式设计与制作案例教程

唐琳　付华　马龙　编著

清华大学出版社

北京

内 容 简 介

本书以学以致用为写作出发点,系统并详细地讲解了 InDesign 排版软件的使用方法和操作技巧。

全书共分 7 章,包括宣传单设计——InDesign CC 2018 基本操作、卡片设计——文字的处理、宣传页设计——设置段落文本和样式、菜单设计——图片与页面的应用、书籍封面及包装设计——图形、颜色与路径、日历的制作——设置制表符和表、杂志内文版式设计——图文混排。

本书由浅入深、循序渐进地介绍了 InDesign CC 2018 的使用方法和操作技巧。书中的每一章内容都围绕综合实例来介绍,便于提高和拓宽读者对 InDesign CC 2018 基本功能的掌握与应用。

本书内容翔实,结构清晰,语言流畅,实例分析透彻,操作步骤简洁实用,适合广大初学 InDesign CC 2018 的用户使用,也可作为各类高等院校相关专业的教材。

图书在版编目(CIP)数据

Adobe InDesign CC 2018版式设计与制作案例教程/唐琳,付华,马龙编著. —北京:清华大学出版社,2020.6

ISBN 978-7-302-55690-9

Ⅰ.①A…　Ⅱ.①唐…　②付…　③马…　Ⅲ.①电子排版－应用软件－中等专业学校－教材　Ⅳ.①TS803.23

中国版本图书馆CIP数据核字(2020)第105371号

责任编辑:韩宜波
装帧设计:杨玉兰
责任校对:吴春华
责任印制:沈　露

出版发行:清华大学出版社
　　　　　网　　址:http://www.tup.com.cn, http://www.wqbook.com
　　　　　地　　址:北京清华大学学研大厦A座　　邮　　编:100084
　　　　　社 总 机:010-62770175　　邮　　购:010-62786544
　　　　　投稿与读者服务:010-62776969, c-service@tup.tsinghua.edu.cn
　　　　　质量反馈:010-62772015, zhiliang@tup.tsinghua.edu.cn
　　　　　课件下载:http://www.tup.com.cn, 010-62791865

印 装 者:三河市铭诚印务有限公司
经　　销:全国新华书店
开　　本:185mm×260mm　　印　　张:16.5　　字　　数:443 千字
版　　次:2020 年 7 月第 1 版　　印　　次:2020 年 7 月第 1 次印刷
定　　价:79.80 元

产品编号:084430-01

前 言 PREFACE

InDesign 软件是一款定位于专业排版领域的设计软件，是面向公司专业出版方案的新平台，由 Adobe 公司于 1999 年 9 月 1 日发布。它基于一个新的开放的面向对象体系，可实现高度的扩展性，还建立了一个由第三方开发者和系统集成者自定义杂志、广告设计、目录、零售商设计工作室和报纸出版方案的核心，可支持插件功能。

Adobe InDesign 整合了多种关键技术，包括所有 Adobe 专业软件拥有的图像、字形、印刷、色彩管理技术。通过这些程序，Adobe 拥有了工业上首个实现屏幕和打印一致的能力。此外，Adobe InDesign 包含了对 Adobe PDF 的支持，允许使用基于 PDF 的数码作品。

所谓版面编排设计，就是把已处理好的文字、图像图形，通过赏心悦目的安排，以达到突出主题的目的。在编排期间，文字处理是影响创作发挥和工作效率的重要环节，其中是否能够灵活处理文字显得非常关键，InDesign 在这方面的优越性则表现得淋漓尽致。

1. 本书内容

本书以学以致用为写作出发点，系统并详细地讲解了 InDesign 排版软件的使用方法和操作技巧。

本书用以帮助读者全面学习 InDesign CC 2018 的使用，通过数个实例深入浅出地介绍 InDesign CC 2018 的具体操作要领。

全书共分 7 章，按照平面设计工作的实际需求组织内容，基础知识以实用、够用为原则。其中包括宣传单设计——InDesign CC 2018 基本操作、卡片设计——文字的处理、宣传页设计——设置段落文本和样式、菜单设计——图片与页面的应用、书籍封面及包装设计——图形、颜色与路径、日历的制作——设置制表符和表、杂志内文版式设计——图文混排等内容。

2. 本书特色

本书面向 InDesign 的初、中级用户，采用由浅入深、循序渐进的讲述方法，内容丰富。

◎ 本书案例丰富，每章都有不同类型的案例，适合上机操作教学。

◎ 每个案例都经过作者精心挑选，可以引导读者发挥想象力，调动学习的积极性。

◎ 案例实用，技术含量高，与实践紧密结合。

◎ 配套资源丰富，方便教学。

3. 海量的电子学习资源和素材

本书附带大量的学习资料和视频教程，下面截图给出部分概览。

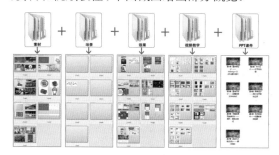

本书附带所有的素材文件、场景文件、效果文件、多媒体教学录像，读者在读完本书内容以后，可以调用这些资源进行深入学习。

Cha04

本书视频教学贴近实际，几乎手把手教学。

1.1 制作篮球赛宣传单——调整对象的大小
1.2 制作江南水墨文化宣传单——置入容器合框架
1.3 上机练习——等校招生宣传单
2.1 制作名片——输入文本
2.2 制作VID会员积分卡——设置文本2
2.3 上机练习——制作鱼服服务倒顺卡
3.1 制作房地产宣传单——段落文本的基础操作
3.2 制作酒店宣传页——段落文本的设置
3.3 上机练习——制作锦饰公司宣传单
4.1 制作西餐厅菜单——图片的基本操作与应用
4.2 制作饮品店菜单——页面处理
4.3 上机练习——火锅店菜谱折页
5.1 制作文艺类书籍封面——图形与颜色
5.2 制作月饼盒包装——路径的基本操作

5.3 上机练习——制作小说书籍封面
6.1 制作手机日历——制表符
6.2 制作台历——创建表
6.3 上机练习——制作挂历
7.1 制作中国节日志内页——沿对象形状绕排
7.2 制作旅游杂志内文设计——建立复合路径
7.3 上机练习——制作房产杂志内页设计

4. 本书约定

为便于阅读理解，本书的写作风格遵从以下约定。

● 本书中出现的中文菜单和命令将用鱼尾号（【】）括起来，以示区分。此外，为了使语句更简洁易懂，本书中所有的菜单和命令之间以竖线（|）分隔，例如，单击【编辑】菜单，再选择【移动】命令，就用【编辑】|【移动】来表示。

● 使用加号（+）连接的两个或 3 个键表示快捷键，在操作时表示同时按下这两个或三个键。例如，Ctrl+V 是指在按下 Ctrl 键的同时，按下 V 字母键；Ctrl+Alt+F10 是指在按下 Ctrl 和 Alt 键的同时，按下功能键 F10。

● 在没有特殊指定时，单击、双击和拖动是指用鼠标左键单击、双击和拖动，右击是指用鼠标右键单击。

5. 读者对象

（1）InDesign 初学者。

（2）大中专院校和社会培训班平面设计及其相关专业的学生。

（3）平面设计从业人员。

6. 致谢

本书由山唐琳、付华、马龙编著，其他参与编写的人员还有朱晓文、刘蒙蒙、李少勇、陈月娟、张英超。

本书的出版凝结了许多优秀教师的心血，在这里衷心感谢对本书的出版给予帮助的编辑老师、视频测试老师，感谢你们！

本书提供了案例的素材、场景、效果、PPT 课件以及教学视频，扫一扫下面的二维码，推送到自己的邮箱后下载获取。

素材、场景及PPT课件　　　　　场景、效果　　　　　视频教学

由于作者水平有限，疏漏在所难免，希望广大读者批评指正。

编　者

目 录 CONTENTS

第1章 宣传单设计——InDesign CC 2018基本操作 …… 1

视频讲解：3个

1.1 制作篮球赛宣传单——调整对象的
大小 …………………………………… 2
 1.1.1 选择对象 ……………………… 3
 1.1.2 编辑对象 ……………………… 5
 1.1.3 变换对象 ……………………… 8
 1.1.4 对象的对齐和分布 ………… 10
 1.1.5 编组 …………………………… 15
 1.1.6 锁定对象 ……………………… 16

1.2 制作江南水墨文化宣传单——使内容适
合框架 …………………………………… 16
 1.2.1 创建随文框架 ……………… 20
 1.2.2 【效果】面板 ………………… 23

1.3 上机练习——驾校招生宣传单 …… 24

1.4 思考与练习 ………………………… 26

第2章 卡片设计——文字的处理 …………………… 27

视频讲解：3个

2.1 制作名片——输入文本 …………… 28
 2.1.1 添加文本 ……………………… 31
 2.1.2 编辑文本 ……………………… 34
 2.1.3 使用标记文本 ……………… 35
 2.1.4 查找和更改文本 …………… 37

2.2 制作VIP会员积分卡
——设置文本 ……………………… 41
 2.2.1 设置文本框架 ……………… 46
 2.2.2 在主页上创建文本框架 …… 48
 2.2.3 串接文本框架 ……………… 49
 2.2.4 文字的设置 ………………… 50

2.3 上机练习——制作售后服务
保障卡 ……………………………… 52

2.4 思考与练习 ………………………… 56

第3章 宣传页设计——设置段落文本和样式 ………… 57

📹视频讲解：3个

3.1 制作汽车宣传单——段落文本的
　　基础操作 ……………………………… 58
　　3.1.1 段落基础 ……………………… 67
　　3.1.2 增加段落间距 ………………… 72
　　3.1.3 设置首字下沉 ………………… 72
　　3.1.4 添加项目符号和编号 ………… 73

3.2 制作酒店宣传页——段落文本的
　　设置 ………………………………… 76
　　3.2.1 美化文本段落 ………………… 83
　　3.2.2 缩放文本 ……………………… 87
　　3.2.3 旋转文本 ……………………… 87
　　3.2.4 设置样式 ……………………… 88

3.3 上机练习——制作房地产公司
　　宣传单 ……………………………… 91
3.4 思考与练习 ………………………… 97

第4章 菜单设计——图片与页面的应用 …………… 98

📹视频讲解：3个

4.1 制作西餐厅菜单——图片的基本
　　操作与应用 ………………………… 99
　　4.1.1 合格的印刷图片 ……………… 105
　　4.1.2 图片的置入 …………………… 109
　　4.1.3 管理图片链接 ………………… 110
　　4.1.4 移动图片 ……………………… 113
　　4.1.5 调整图片大小 ………………… 114
　　4.1.6 翻转和旋转图片 ……………… 115
　　4.1.7 投影 …………………………… 118
　　4.1.8 角选项 ………………………… 119

4.2 制作饮品店菜单——页面处理 …… 120
　　4.2.1 页面的基本操作 ……………… 125
　　4.2.2 调整页面版面和对象 ………… 129
　　4.2.3 使用主页 ……………………… 130
　　4.2.4 编排页码和章节 ……………… 137
4.3 上机练习——火锅店菜谱折页 …… 141

4.4　思考与练习 ·············· 146

第5章　书籍封面及包装设计——图形、颜色与路径 ·········147

视频讲解：3个

5.1　制作文艺类书籍封面——图形与
颜色 ······················ 148
　　5.1.1　绘制图形 ············ 152
　　5.1.2　创建颜色 ············ 154
　　5.1.3　创建色调 ············ 157
　　5.1.4　创建混合油墨 ········ 158
　　5.1.5　复制和删除色板 ······ 159
　　5.1.6　设置【色板】面板的显示
模式 ················ 160
　　5.1.7　编辑描边 ············ 161
　　5.1.8　处理彩色图片 ········ 162
　　5.1.9　处理渐变 ············ 162

5.2　制作月饼盒包装——路径的基本
操作 ······················ 166
　　5.2.1　认识路径与其他图形工具 ··· 170
　　5.2.2　使用钢笔工具 ········ 173

　　5.2.3　编辑路径 ············ 175

5.2.4　使用复合路径 ·············· 178
5.2.5　复合形状 ·············· 179

5.3　上机练习——制作小说书籍封面 ··· 181

5.4　思考与练习 ·············· 185

第6章　日历的制作——设置制表符和表 ··············186

视频讲解：3个

6.1　制作手机日历——制表符 ·········· 187
　　6.1.1　【制表符】面板 ·········· 191
　　6.1.2　设置制表符对齐方式 ········ 193
　　6.1.3　【前导符】文本框 ·········· 194
　　6.1.4　【对齐位置】文本框 ········ 194
　　6.1.5　通过X文本框移动制表符 ··· 194
　　6.1.6　定位标尺 ·············· 195
　　6.1.7　【制表符】面板菜单 ·········· 195

6.2　制作台历——创建表 ·········· 196
　　6.2.1　文本和表之间的转换 ········ 202
　　6.2.2　在表中添加图像 ·········· 204
　　6.2.3　修改表 ·············· 204
　　6.2.4　为单元格添加对角线 ········ 207
　　6.2.5　调整行高、列宽与表的
大小 ················ 208
　　6.2.6　插入行和列 ·············· 209
　　6.2.7　删除行、列或表 ·········· 211
　　6.2.8　合并和拆分单元格 ·········· 211
　　6.2.9　设置单元格的格式 ·········· 212
　　6.2.10　添加表头和表尾 ·········· 215
　　6.2.11　为表添加描边与填色 ··· 216

6.2.12　为单元格填色 ……………… 219

6.2.13　设置交替描边与填色 …… 220

6.3　上机练习——制作挂历 ………… 221

6.4　思考与练习 ……………………… 226

第7章　杂志内文版式设计——图文混排 ……………… 227

视频讲解：3个

7.1　制作中国节日杂志内页——沿对象形状绕排 …………………… 228

7.1.1　文本绕排 ………………… 234

7.1.2　使用剪切路径 …………… 238

7.2　制作旅游杂志内文设计——建立复合路径 ……………………… 241

7.2.1　将文本字符作为图形框架 … 244

7.2.2　将复合形状作为图形框架 … 245

7.2.3　使用【剪刀工具】 ………… 246

7.3　上机练习——制作房产杂志内页设计 ………………………… 247

7.4　思考与练习 ……………………… 253

第 ① 章　宣传单设计 ——InDesign CC 2018基本操作

只有掌握了InDesign CC 2018的基本操作，才可以快速地设计出精美、漂亮的版式，本章主要讲解如何选择多个对象、编辑对象、变换对象，对对象进行编组，锁定对象防止被意外删除，设置对象的不透明度、投影、描边等效果。

基础知识
➤ 移动对象
➤ 旋转对象

重点知识
➤ 对齐基准
➤ 分布间距

提高知识
➤ 混合模式
➤ 切变对象

　　宣传单（Leaflets）又称宣传单页，是商家为了宣传自己的一种印刷品，一般为单张双面印刷或单面印刷，单色或多色印刷，材质有传统的铜版纸和现在流行的餐巾纸。

➡1.1 制作篮球赛宣传单——调整对象的大小

本案例将介绍如何通过搭配不同的图片文字效果，制作一张精美的篮球赛宣传单，其具体操作步骤如下，效果如图1-1所示。

图1-1 篮球赛宣传单

素材	素材\Cha01\篮球赛宣传单背景.jpg、篮球赛宣传单01.png
场景	场景\Cha01\制作篮球赛宣传单——调整对象的大小.indd
视频	视频教学\Cha01\1.1 制作篮球赛宣传单——调整对象的大小.mp4

01 启动 InDesign CC 2018 软件，在菜单栏中选择【文件】|【新建】|【文档】命令，打开【新建文档】对话框，把名称命名为【制作篮球赛宣传单——调整对象的大小】，将【宽度】和【高度】各设置为1500px和2250px，单击【边距和分栏】按钮，如图1-2所示。弹出【新建边距和分栏】对话框，将【边距】选项组中的【上】、【下】、【内】、【外】均设置为0，将【栏】选项组中的【栏间距】设置为14px，然后单击【确定】按钮，如图1-3所示。

02 选择【文件】|【置入】命令，在弹出的【置入】对话框中选择"篮球赛宣传单背景.jpg"素材文件，单击【打开】按钮，在文档的左上角单击鼠标左键，置入素材文件，将

鼠标放置在图像的右下角，按住 Shift 键等比例放大图像文件。单击鼠标右键，在弹出的快捷菜单中选择【适合】|【使内容适合框架】命令，调整完成后的效果如图 1-4 所示。

图1-2 【新建文档】对话框

图1-3 【新建边距和分栏】对话框

图1-4 显示效果

03 按 Ctrl+D 组合键，在弹出的【置入】对话框中，选择"素材\Cha01\ 篮球赛宣传单 01.png"素材文件，对其进行位置和大小的调整，置入素材后的效果如图 1-5 所示。

图1-5　调整素材的大小及位置

04 选中要编组的素材，在菜单栏中选择【对象】|【编组】命令，或按 Ctrl+G 组合键，即可将选择的对象编组，如图 1-6 所示。

图1-6　选择【编组】命令

05 选中编组后的对象中的任意一个，其他的对象也会同时被选中，效果如图 1-7 所示。

图1-7　编组后的对象

1.1.1　选择对象

在修改对象之前，需要使用选择工具将对象选中。在 InDesign CC 2018 中，有两种选择工具，分别为【选择工具】 ▶ 和【直接选择工具】 ▷。

- 【选择工具】 ▶ ：单击工具箱中的【选择工具】按钮 ▶ ，即可选择对象，在选择对象的同时还可对其进行位置及大小的调整。

- 【直接选择工具】 ▷ ：单击工具箱中的【直接选择工具】按钮 ▷ ，即可选中对象上的单个锚点，并可以对锚点的方向线手柄进行调整。在使用该工具选中带有边框的对象时，只有边框内的对象会被选中，而边框不会被选中。

1. 选择重叠对象

设计师们在制作版面时，总会有对象重叠的现象。打开"素材\Cha01\001.indd"素材文件，在菜单栏中选择【对象】|【选择】命令，在弹出的子菜单中可以对重叠的对象进行选择，如图 1-8 所示。在选择的对象上右击鼠标，在弹出的快捷菜单中选择【选择】命令，在弹出的子菜单中也可以选择重叠的对象，如

图 1-9 所示。

图1-8 【选择】子菜单

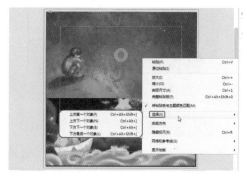

图1-9 快捷菜单

> 🏷 提 示
>
> 按住键盘上的 Ctrl 键，使用鼠标在重叠对象上单击，与选择【下方下一个对象】命令的效果是相同的。

2. 选择多个对象

对多个对象进行同时修改或移动时，首先要选择多个对象，其方法有以下几种。

- 单击工具箱中的【选择工具】按钮 ▶，按住键盘上的 Shift 键单击对象，则可以选择多个对象，如图 1-10 所示。

- 单击工具箱中的【选择工具】按钮 ▶，在文档窗口中的空白处单击，按住鼠标左键不放并拖动光标，框选需要同时选中的多个对象。只要对象的任意部分被拖出的矩形选择框选中，则整个对象都会被选中，效果如图 1-11 所示。

> 🏷 提 示
>
> 在拖动光标时，应确保没有选中任何对象，否则在拖动光标时，只会移动选中的对象，而不会拖出矩形选择框。

图1-10 在按住Shift键的同时选择多个对象

图1-11 框选对象

- 如果需要同时选中页面中的所有对象，可以在菜单栏中选择【编辑】|【全选】命令，或是按 Ctrl+A 组合键，如图 1-12 所示。如果单击工具箱中的【直接选择工具】按钮 ▷，然后在菜单栏中选择【编辑】|【全选】命令，将会选中所有对象的锚点，如图 1-13 所示。

图1-12　选中所有对象

图1-13　选中所有对象的锚点

3. 取消选择对象

取消选择对象有以下几种方法。

- 单击工具箱中的【选择工具】按钮 ▶，在文档窗口空白处单击，即可取消选择对象。

- 按住 Shift 键，单击工具箱中的【选择工具】按钮 ▶，然后单击选中的对象，即可取消选择对象。

- 使用其他绘制图形工具在文档窗口中绘制图形，也可以取消选择对象。

1.1.2　编辑对象

在 InDesign CC 2018 中，可以根据需要对选中的对象进行编辑，如移动对象、复制对象、调整对象的大小和删除对象。

1. 移动对象

移动对象的方法主要有以下几种。

- 单击工具箱中的【选择工具】按钮 ▶，选择需要移动的对象，如图 1-14 所示。然后在选择的对象上单击鼠标左键并拖动鼠标，将选择的对象拖至适当位置处松开鼠标左键即可，如图 1-15 所示。

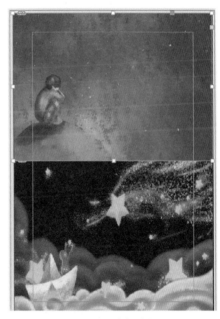

图1-14　选择对象

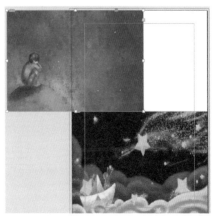

图1-15　移动对象

> **提 示**
>
> 按住键盘上的 Shift 键移动对象时，移动的对象角度可以限制在 45°，以移动鼠标的方向为基准方向。

- 选中对象，按键盘上的方向键可以微调对象的位置。

- 在控制栏的 X 和 Y 文本框中输入数值，可以快速并准确定位选择对象的位置，如图 1-16 所示。

图1-16 控制栏

- 在菜单栏中选择【对象】|【变换】|【移动】命令，弹出【移动】对话框，如图 1-17 所示。在【移动】对话框中进行相应的设置也可以移动选择的对象。

- 单击工具箱中的【选择工具】按钮，选择需要复制的对象，然后在菜单栏中选择【编辑】|【复制】命令（或按 Ctrl+C 组合键），如图 1-19 所示。再在菜单栏中选择【编辑】|【粘贴】命令（或按 Ctrl+V 组合键），也可以复制对象，如图 1-20 所示。

图1-17 【移动】对话框

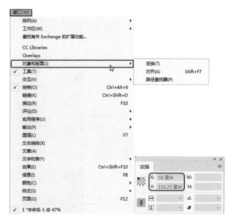

图1-18 【变换】面板

- 在菜单栏中选择【窗口】|【对象和版面】|【变换】命令，打开【变换】面板，如图 1-18 所示。在【变换】面板的 X 和 Y 文本框中输入数值也可以移动选择的对象。

2. 复制对象

复制对象的方法主要有以下几种。

- 单击工具箱中的【选择工具】按钮，选择需要复制的对象，然后在按住键盘上的 Alt 键的同时拖动选择的对象，拖动至适当位置处松开鼠标即可复制对象。

- 在控制栏的 X 或 Y 文本框中输入数值，然后按 Alt+Enter 组合键，也可以复制

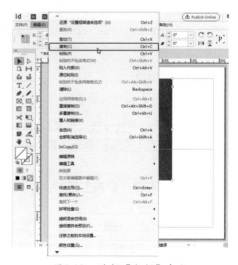

图1-19 选择【复制】命令

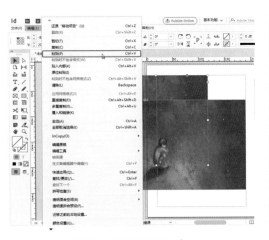

图1-20 选择【粘贴】命令

- 单击工具箱中的【选择工具】按钮 ▶ ，选择需要复制的对象，然后在菜单栏中选择【编辑】|【直接复制】命令，或按 Alt+Shift+Ctrl+D 组合键，可以直接复制选择的对象，如图 1-21 所示。

> 🏷 提 示
>
> 在选中对象的情况下，按住键盘上的 Alt+ 方向键，也可以复制对象。

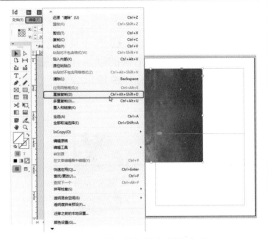

图1-21 选择【直接复制】命令

- 在菜单栏中选择【窗口】|【对象和版面】|【变换】命令，打开【变换】面板，在【变换】面板的 X 或 Y 文本框中输入数值，然后按 Alt+Enter 组合键也可以复制对象。

3. 调整对象的大小

调整对象的大小的方法主要有以下几种。

- 单击工具箱中的【选择工具】按钮 ▶ ，选择需要调整大小的对象，如图 1-22 所示。将光标移至选择对象边缘的控制手柄上，拖动光标即可调整对象限位框的大小，如图 1-23 所示。

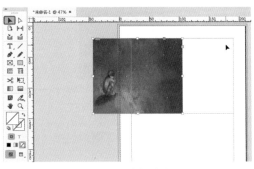

图1-22 选择对象

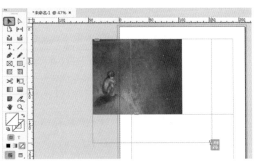

图1-23 调整对象限位框的大小

- 单击工具箱中的【自由变换工具】按钮 ▫ ，选择需要调整大小的对象，如图 1-24 所示。拖动对象的控制手柄，即可改变对象的大小，如图 1-25 所示。

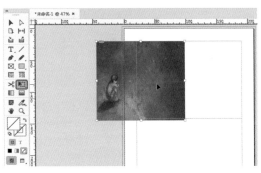

图1-24 选择对象

在按住 Ctrl 键的同时，拖动对象的控制手柄，可以将对象的限位框与限位框中的对象一起放大与缩小；在按住 Ctrl+Shift 组合键的同时，拖动对象的控制手柄，可以将对象限位框与限位框中的对象等比例放大与缩小。

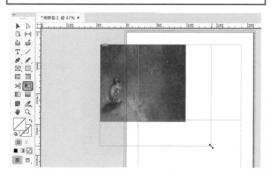

图1-25　使用【自由变换工具】 📐 调整对象的大小

🏷 提 示

使用【自由变换工具】 📐 调整对象大小时，如果按住 Shift 键，可以等比例放大与缩小对象。

● 在控制栏或【变换】面板的 W 和 H 文本框中输入数值，也可以改变对象限位框的大小。

4. 删除对象

单击工具箱中的【选择工具】按钮 ▶，选择需要删除的对象，在菜单栏中选择【编辑】|【清除】命令，如图 1-26 所示，或按 Delete 键，即可将选择的对象删除。

图1-26　选择【清除】命令

1.1.3　变换对象

变换对象是指在文件中对对象进行旋转、缩放或切变等一些变换的操作。

1. 旋转对象

在 InDesign CC 2018 中可以使用【旋转工具】 ↻ 对对象进行旋转，具体的操作步骤如下。

01 打开"素材 \Cha01\ 猫 .indd"素材文件，然后单击工具箱中的【选择工具】按钮 ▶，在文档中选择需要旋转的对象，如图 1-27 所示。

图1-27　选择对象

02 在工具箱中单击【旋转工具】按钮 ↻，将原点从其限位框左上角的默认位置拖动到限位框的中心位置，如图 1-28 所示。

图1-28　移动原点位置

03 在限位框的内外任意位置处单击并拖动鼠标，即可旋转对象，如图 1-29 所示。

🏷 提 示

如果在旋转对象时按住 Shift 键，可以将旋转角度限制为 45° 的倍数。

图1-29　旋转对象

2. 缩放对象

其实不只是【旋转工具】能变换对象，在 InDesign CC 2018 中使用【缩放工具】同样可以来调整对象。通过以下操作步骤可了解【缩放工具】。

01 继续上一小节的操作，单击工具箱中的【选择工具】按钮 ▶，选择需要缩放的对象，如图 1-30 所示。

图1-30　选择对象

02 在工具箱中单击【缩放工具】按钮 🔲，然后将鼠标移至左边的控制手柄上，如图 1-31 所示。

图1-31　移动鼠标位置

03 单击并拖动鼠标即可放大或缩小对象，如图 1-32 所示。

图1-32　缩放对象

提　示

在缩放对象时按住 Shift 键，水平拖动只会应用水平缩放，拖动对角会应用水平和垂直缩放以保持对象的原始比例。

3. 切变对象

使用工具箱中的【切变工具】 📝 可以切变对象，具体的操作步骤如下。

01 继续上一小节的操作，单击工具箱中的【选择工具】按钮 ▶，选择需要切变的对象，如图 1-33 所示。

图1-33　选择对象

02 在工具箱中选择【切变工具】 📝，然后在限位框的内外任意位置处单击并拖动鼠标，即可切变对象，如图 1-34 所示。

提　示

在对象进行切变操作时，按住 Shift 键，可以将旋转角度限制为 45° 的倍数。

图1-34 切变对象

1.1.4 对象的对齐和分布

在菜单栏中选择【窗口】|【对象和版面】|【对齐】命令，打开【对齐】面板，使用该面板可以快速有效地对齐和分布多个对象，如图1-35所示。

图1-35 【对齐】面板

1. 对齐对象

在【对齐】面板的【对齐对象】选项组中包括6个对齐命令按钮，分别是【左对齐】按钮、【水平居中对齐】按钮、【右对齐】按钮、【顶对齐】按钮、【垂直居中对齐】按钮和【底对齐】按钮，下面将对这些命令按钮进行介绍。

打开"素材\Cha01\桥.indd"素材文件，单击控制栏中的【选择工具】按钮，在文档中选择多个对象，如图1-36所示。

- 【左对齐】按钮：以最左边对象的左边线为基准线，所有选取对象的左

边线和这条线对齐，最左边对象的位置保持不变，效果如图1-37所示。

图1-36 选择多个对象

图1-37 左对齐效果

- 【水平居中对齐】按钮：以多个选取对象的中点为基准点进行对齐，所有选取对象进行水平移动，垂直方向上的位置保持不变，效果如图1-38所示。

图1-38 水平居中对齐按钮

- 【右对齐】按钮：以最右边对象的右边线为基准线，所有选取对象的右边线和这条线对齐，最右边对象的位置保持不变，效果如图1-39所示。

图1-39 右对齐效果

- 【顶对齐】按钮▼：以多个选取对象中最上面对象的上边线为基准线（最上面对象的位置保持不变），所有选取对象的上边线和这条线对齐，效果如图 1-40 所示。

图1-40 顶对齐按钮

- 【垂直居中对齐】按钮▉：以多个选取对象的中点为基准点进行对齐，所有选取对象进行垂直移动，水平方向上的位置保持不变，效果如图 1-41 所示。

图1-41 垂直居中对齐效果

- 【底对齐】按钮▉：以多个选取对象中最下面对象的下边线为基准线（最

下面对象的位置保持不变），所有选取对象的下边线和这条线对齐，效果如图 1-42 所示。

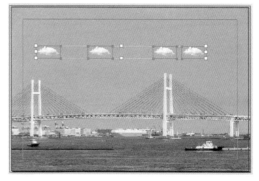

图1-42 底对齐效果

2. 分布对象

在【对齐】面板的【分布对象】选项组中包括 6 个分布命令按钮，分别是【按顶分布】按钮▉、【垂直居中分布】按钮▉、【按底分布】按钮▉、【按左分布】按钮▉、【水平居中分布】按钮▉和【按右分布】按钮▉，下面继续使用素材【桥 .indd】文档对这些命令按钮进行讲解。

- 【按顶分布】按钮▉：以每个选取对象的顶线为基准线，使对象按均等的间距垂直分布，效果如图 1-43 所示。

图1-43 按顶分布效果

- 【垂直居中分布】按钮▉：以每个选取对象的中线为基准线，使对象按相等的间距垂直分布，效果如图 1-44 所示。

- 【按底分布】按钮▉：以每个选取对象的下边线为基准线，使对象按相等的间距垂直分布，效果如图 1-45 所示。

图1-44　垂直居中分布效果

图1-47　水平居中分布效果

图1-45　按底分布效果

图1-48　按右分布效果

- 【按左分布】按钮：以每个选取对象的左边线为基准线，使对象按相等的间距水平分布，效果如图 1-46 所示。

3. 对齐基准

【对齐】面板中的对齐基准选项包括 5 个，即有【对齐选区】、【对齐关键对象】、【对齐边距】、【对齐页面】和【对齐跨页】，如图 1-49 所示。下面将对这 5 个选项进行详细的介绍。

图1-46　按左分布效果

- 【水平居中分布】按钮：以每个选取对象的中线为基准，使对象按相等的间距水平分布，效果如图 1-47 所示。
- 【按右分布】按钮：以每个选取对象的右边线为基准线，使对象按相等的间距水平分布，效果如图 1-48 所示。

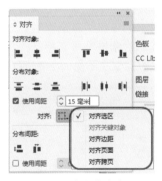

图1-49　对齐基准选项

打开"素材 \Cha01\ 古亭 .indd"素材文件，如图 1-50 所示。

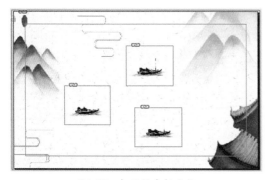

图1-50 打开的素材文档

- 【对齐选区】按钮 ⊞⊞ ：使所选对象在所选区域内对齐。

01 在工具箱中单击【选择工具】按钮 ▶，在文档中选择对象，如图 1-51 所示。

02 在【对齐】面板中将对齐基准设置为【对齐选区】，然后在【分布对象】选项组中单击【按底分布】按钮 ≡，效果如图 1-52 所示。

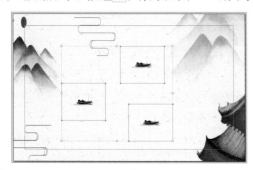

图1-51 选择对象

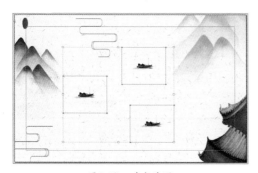

图1-52 对齐选区

- 【对齐关键对象】按钮 ℕ∟ ：在所有对象中选择其中一个为关键对象，则其他的对象与关键对象对齐。

01 在工具箱中单击【选择工具】按钮 ▶，在文档中选择对象，如图 1-53 所示。

02 在【对齐】面板中将对齐基准设置为【对齐关键对象】，然后在【分布对象】选项组中单击【按底分布】按钮 ≡，效果如图 1-54 所示。

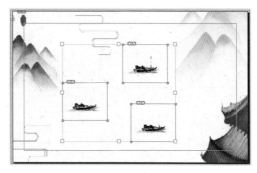

图1-53 选择对象

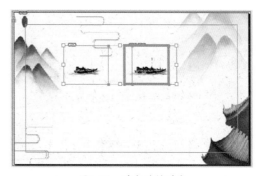

图1-54 对齐关键对象

- 【对齐边距】按钮 ▣ ：使所选对象相对于页边距对齐。

01 单击工具箱中的【选择工具】按钮 ▶，选择文档中的对象，如图 1-55 所示。

02 在【对齐】面板中将对齐基准设置为【对齐边距】，然后在【分布对象】选项组中单击【按底分布】按钮 ≡，效果如图 1-56 所示。

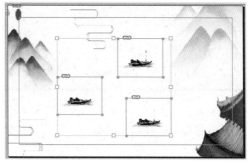

图1-55 选择对象

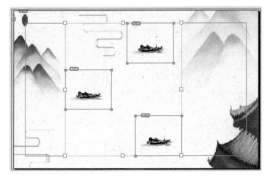

图1-56　对齐边距

- 【对齐页面】按钮：使所选对象相对于页面对齐。

01 单击工具箱中的【选择工具】按钮，选择对象，如图1-57所示。

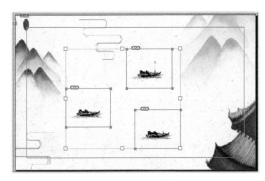

图1-57　选择对象

02 在【对齐】面板中将对齐基准设置为【对齐页面】，然后在【分布对象】选项组中单击【按底分布】按钮，效果如图1-58所示。

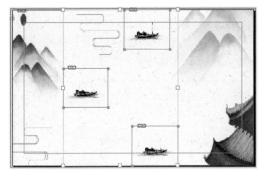

图1-58　对齐页面

- 【对齐跨页】按钮：使所选对象相对于跨页对齐。

4. 分布间距

通过使用【对齐】面板中【分布间距】

选项组下的【垂直分布间距】按钮和【水平分布间距】按钮，可以精确指定对象间的距离。下面将继续上一文档的操作，对这两个命令按钮进行讲解。

- 【垂直分布间距】按钮：使所有选取的对象以最上方对象作为参照，按设置的数值等距离垂直均分。

01 单击工具箱中的【选择工具】按钮，在文档中选择对象，在【对齐】面板的【分布间距】选项组中勾选【使用间距】复选框，并在右侧的文本框中输入10毫米，如图1-59所示。

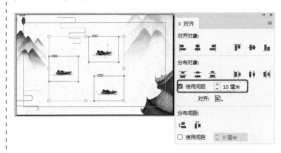

图1-59　勾选【使用间距】复选框并输入数值

02 然后在【分布间距】选项组中单击【垂直分布间距】按钮，效果如图1-60所示。

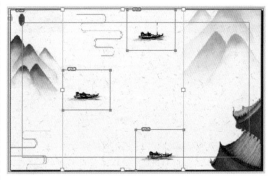

图1-60　垂直分布间距效果

- 【水平分布间距】按钮：使所有选取的对象以最左边对象作为参照，按设置的数值等距离水平均分。

01 单击工具箱中的【选择工具】按钮，在文档中选择对象，在【对齐】面板的【分布间距】选项组中勾选【使用间距】复选框，并在右侧的文本框中输入15毫米，如图1-61所示。

图1-61 勾选【使用间距】复选框并输入数值

02 然后在【分布间距】选项组中单击【水平分布间距】按钮，效果如图 1-62 所示。

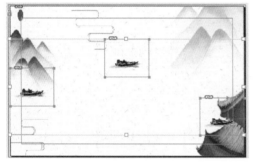

图1-62 水平分布间距效果

1.1.5 编组

可对多个对象进行编组，编组后的对象可以同时进行移动、复制或旋转等操作。

1. 创建编组

编组对象的具体操作步骤如下。

01 打开"素材\Cha01\向日葵.indd"素材文件，在工具箱中单击【选择工具】按钮，在文档中选择需要编组的对象，如图 1-63 所示。

图1-63 选择需要编组的对象

02 在菜单栏中选择【对象】|【编组】命令，或按 Ctrl+G 组合键，如图 1-64 所示。

图1-64 选择【编组】命令

03 即可将选择的对象编组。选中编组后的对象中的任意一个，其他的对象也会同时被选中，效果如图 1-65 所示。

图1-65 编组后的对象

2. 取消编组

使用菜单栏中的【取消编组】命令，就可以取消编组了。具体的操作步骤如下。

01 继续上一小节的操作，确定编组后的对象处于选择状态，然后在菜单栏中选择【对象】|【取消编组】命令，或按 Shift+Ctrl+G 组合键，即可取消对象的编组，如图 1-66 所示。

02 取消编组后，当选中一个对象时，其他对象不会被选中，效果如图 1-67 所示。

图1-66　选择【取消编组】命令

图1-68　选择对象

图1-69　选择【锁定】命令

图1-67　取消编组后的效果

1.1.6　锁定对象

菜单栏中的【锁定】命令可以将文档中的对象固定位置，使其不被移动。被锁定的对象仍然可以选中，但不会受到任何操作的影响，锁定对象的具体操作步骤如下。

01 继续上一节中的操作，使用【选择工具】 ▶ 选择需要锁定的对象，如图1-68所示。

02 在菜单栏中选择【对象】|【锁定】命令，或按 Ctrl+L 组合键，如图 1-69 所示。

03 即可将选择的对象锁定，效果如图 1-70 所示。

图1-70　锁定对象

➡ 1.2　制作江南水墨文化宣传单——使内容适合框架

宣传单页一般分为两大类，一类的主要作用是推销产品、发布一些商业信息或寻人启事。另一类是义务宣传，例如宣传人们义务献血，宣传征兵等，如图 1-71 所示为江南水墨文化宣传单。

图1-71 江南水墨文化宣传单

素材	素材\Cha01\水墨文化底纹.jpg、古船.png、大雁.png、红印.eps、字体边框.png
场景	场景\Cha01\制作江南水墨文化宣传单——使内容适合框架.indd
视频	视频教学\Cha01\1.2 制作江南水墨文化宣传单——使内容适合框架.mp4

01 启动 InDesign CC 2018 软件，按 Ctrl+N 组合键，打开【新建文档】对话框，将【页面方向】定义为【横向】⬛，将【宽度】设置为 400 毫米，将【高度】设置为 210 毫米，单击【边距和分栏】按钮，如图 1-72 所示。弹出【新建边距和分栏】对话框，将【边距】选项组中的【上】、【下】、【内】、【外】均设置为 20 毫米，设置完成后单击【确定】按钮，如图 1-73 所示。

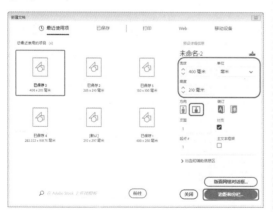

图1-72 【新建文档】对话框

02 在菜单栏中选择【文件】|【置入】命令，如图 1-74 所示。

03 在弹出的对话框中，选择"素材\Cha01\水墨文化底纹.jpg"素材文件，单击【打开】按钮即可，如图 1-75 所示。

图1-73 【新建边距和分栏】对话框

图1-74 选择【置入】命令

图1-75 选择素材

04 在文档中出现如图 1-76 所示的信息内容，在文档的左上角单击鼠标，置入素材显示效果如图 1-77 所示。

05 按 Ctrl+D 组合键，在弹出的对话框打开"素材\Cha01\大雁.png"素材文件，对其进行位置、大小调整，置入素材后的显示效果如图 1-78 所示。

图1-76　显示信息内容

图1-77　显示效果

图1-78　调整素材的大小及位置

06　使用同样的方法置入其他素材，显示效果如图 1-79 所示。

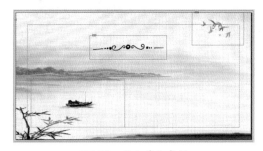

图1-79　置入其他素材

07　在工具箱中选择【文字工具】，在文档中创建文本框，输入文字对象，在控制栏中将【字体】设置为方正黄草简体，将【字体大小】设置为90点，将【填色】设置为黑色，将【描边】设置为无，文字显示效果如图 1-80 所示。

图1-80　输入文字

08　使用同样的方法创建"一花一世界，一叶一菩提"文本并设置参数，将文字调整到合适的位置，显示效果如图 1-81 所示。

图1-81　文字效果

09　在工具箱中单击【直线工具】按钮，在控制栏中将【填色】设置为【无】，将【描边】设置为黑色，将【描边大小】设置为 2 点，显示效果如图 1-82 所示。

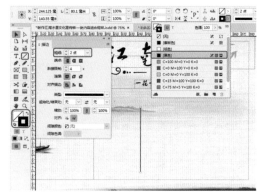

图1-82　绘制直线

10　使用同样的方法再创建 6 条直线。选

中所有直线对象，在菜单栏中选择【对象】|【编组】命令，将直线进行编组，如图 1-83 所示。

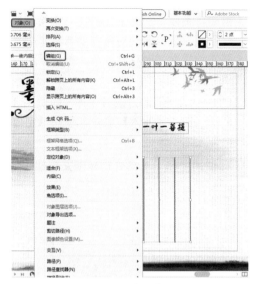

图1-83 编组直线

11 在工具箱中选择【路径文字工具】，创建文字对象，在控制栏中将【字体】设置为方正新舒体简体，将【字体大小】设置为 15 点，将【填色】设置为黑色，将【描边】设置为无，文字显示效果如图 1-84 所示。

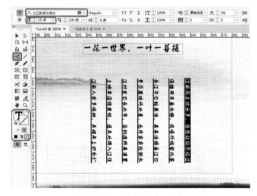

图1-84 创建文字对象

12 选中文字对象，在菜单栏中选择【文字】|【路径文字】|【选项】命令，如图 1-85 所示。

13 弹出【路径文字选项】对话框，将【效果】设置为【阶梯效果】，将【对齐】设置为【全角字框上方】，将【到路径】设置为【上】，设置完成后单击【确定】按钮即可，如图 1-86 所示。调整路径后的显示效果如图 1-87 所示。

图1-85 选择"选项"命令

图1-86 【路径文字选项】对话框

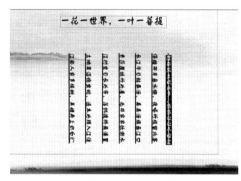

图1-87 显示效果

14 使用同样的方法调整其他文字的路径，显示效果如图 1-88 所示。

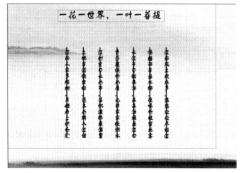

图1-88 显示效果

15 选中直线对象，在控制栏中将【填色】设置为无，将【描边】设置为无，将直线进行隐藏，隐藏后的显示效果如图 1-89 所示。

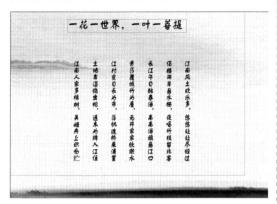

图1-89　隐藏直线效果

16 按 Ctrl+D 组合键，在弹出的对话框中选择"素材\Cha01\红印.eps"素材文件，置入红印效果如图 1-90 所示。

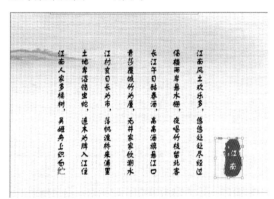

图1-90　置入红印素材效果

17 使用前面讲到的方法，导入其他素材和创建文字对象，按 W 键预览完成效果，如图 1-91 所示。

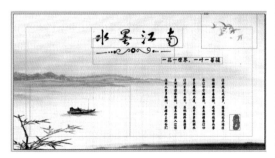

图1-91　完成后的效果

1.2.1　创建随文框架

在 InDesign CC 2018 中，对对象进行操作时，需要将页面中的对象保持在一个精确的位置。但是，如果放置的对象需要与文本相关联时，要在编辑文本时移动对象，就需要为对象创建随文框架。

创建随文框架的方法有 3 种，即使用【粘贴】命令、使用【置入】命令和使用【定位对象】命令。

1. 使用【粘贴】命令创建随文框架

01 打开"素材\Cha01\七夕节.indd"素材文件，如图 1-92 所示。

图1-92　打开的"七夕节.indd"文档

02 打开"素材\Cha01\七夕图片.indd"素材文件，如图 1-93 所示。

图1-93　打开的"七夕图片.indd"文档

03 使用【选择工具】▶在"七夕图片.indd"文档中选择图形对象，如图 1-94 所示。

图1-94 选择图形对象

04 在菜单栏中选择【编辑】|【复制】命令，如图 1-95 所示。

图1-95 选择【复制】命令

05 返回到"七夕节 .indd"文档中，在需要粘贴对象的文本框架内双击，如图 1-96 所示。

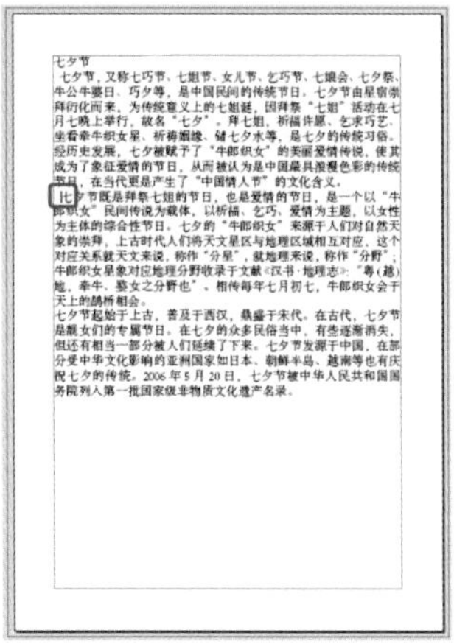

图1-96 在文本框架内双击

06 在菜单栏中选择【编辑】|【粘贴】命令，即可在光标所在位置创建一个随文框架，如图 1-97 所示。

图1-97 创建的随文框架

2. 使用【置入】命令创建随文框架

01 打开"素材 \Cha01\ 七夕节 .indd"素材文件，在工具箱中单击【文字工具】按钮 T ，然后在文本框架中单击，用来指定光标的位置，如图 1-98 所示。

图1-98 指定光标位置

02 在菜单栏中选择【文件】|【置入】命令，在弹出的对话框中将"素材 \Cha01\花 .jpg"素材文件置入文本框架中，即可创建一个随文框架，效果如图 1-99 所示。

图1-99　创建的随文框架

3. 使用【定位对象】命令创建随文框架

01 打开"素材\Cha01\七夕节.indd"素材文件，单击工具箱中的【文字工具】按钮 $\boxed{\text{T}}$，在文本框架中单击，指定光标的位置，如图1-100所示。

图1-100　指定光标位置

02 在菜单栏中选择【对象】|【定位对象】|【插入】命令，如图1-101所示，弹出【插入定位对象】对话框。在该对话框中将【内容】设置为【图形】，将【对象样式】设置为【基本图形框架】，将【高度】设置为60毫米，将【宽度】设置为6毫米，将【位置】设置为【行中或行上】。

03 设置完成后单击【确定】按钮，即可在光标所在位置插入随文框架，如图1-102所示。

04 选中刚刚插入的随文框架，在菜单栏

中选择【文件】|【置入】命令，在弹出的对话框中将"素材\Cha01\花.jpg"素材文件置入随文框架中，效果如图1-103所示。

图1-101　选择【插入】命令

图1-102　插入的随文框架

图1-103　将图片置入随文框架中

1.2.2 【效果】面板

在【效果】面板中，可以为对象设置不透明度、添加内发光和羽化等效果。

在菜单栏中选择【窗口】|【效果】命令，打开【效果】面板，如图 1-104 所示。使用该面板可以为对象设置不透明度、添加内发光和羽化等效果。

图1-104 【效果】面板

1. 混合模式

在【效果】面板的【混合模式】下拉列表中一共有 16 种混合模式，分别是【正常】、【正片叠底】、【滤色】、【叠加】、【柔光】、【强光】、【颜色减淡】、【颜色加深】、【变暗】、【变亮】、【差值】、【排除】、【色相】、【饱和度】、【颜色】和【亮度】，如图 1-105 所示。

图1-105 混合模式

2. 不透明度

01 打开"素材 \Cha01\ 蝴蝶 .eps"素材文件，在工具箱中单击【选择工具】按钮 ▶，然后在文档中选择蝴蝶图形，如图 1-106 所示。

02 打开【效果】面板，在该面板中

将【不透明度】设置为 40%，效果如图 1-107 所示。

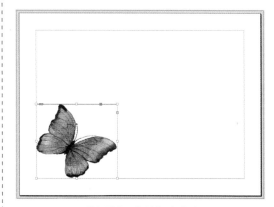

图1-106 选择蝴蝶图形

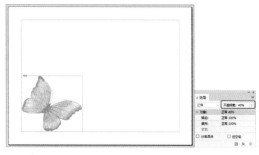

图1-107 设置的不透明度效果

3. 向选定的目标添加对象效果

单击【效果】面板下方的【向选定的目标添加对象效果】按钮 fx.，在弹出的下拉菜单中可以为选定的对象添加不同的效果，如图 1-108 所示。

图1-108 下拉菜单

选择需要添加效果的对象，然后在该下拉菜单中选择任意一个命令后，都会弹出【效果】对话框，如图 1-109 所示。在该对话框中设置完成后，单击【确定】按钮，即可为选择的对象添加该效果。

图1-109　【效果】对话框

⭢1.3　上机练习——驾校招生宣传单

下面将介绍在 InDesign CC 2018 中制作驾校招生宣传单页的操作步骤，本案例主要通过使用【置入】命令置入图片丰富页面，然后使用【文字工具】输入说明内容，完成后的效果如图 1-110 所示。

图1-110　驾校招生宣传单

素材	素材\Cha01\驾校招生宣传单背景.jpg、驾校招生宣传单文字.png
场景	场景\Cha01\上机练习——驾校招生宣传单页.indd
视频	视频教学\Cha01\1.3　上机练习——驾校招生宣传单页.mp4

01 启动 InDesign CC 2018 软件，按 Ctrl+N 组合键，打开【新建文档】对话框，将名称命名为【上机练习——驾校招生宣传单】，将【宽度】设置为 1500px，将【高度】设置为 2250px，如图 1-111 所示。打开【新建边距和分栏】对话框，将【边距】选项组中的【上】、【下】、【内】、【外】均设置为 0 毫米，将【栏】选项组中的【栏间距】设置为 14px，设置完成后单击【确定】按钮，如图 1-112 所示。

图1-111　【新建文档】对话框

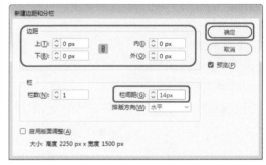

图1-112　【新建边距和分栏】对话框

02 在菜单栏中选择【文件】|【置入】命令，如图 1-113 所示。在弹出的【置入】对话框中，选择"素材 \Cha01\ 驾校招生宣传单背景 .jpg"素材文件，单击【打开】按钮。在文档的左上角单击鼠标左键，置入素材文件。将鼠标放置在图像的右下角，按住 Shift 键等比例放大图像文件。单击鼠标右键，在弹出的快捷菜单中选择【适合】|【使内容适合框架】命令，效果如图 1-114 所示。

图1-113 选择"置入"命令

图1-114 使内容适合框架效果

03 按 Ctrl+D 组合键，在弹出的【置入】对话框中，选择"素材 \Cha01\ 驾校招生宣传单文字 .png"素材文件，对其进行位置和大小的调整，置入素材后的效果如图 1-115 所示。

04 在工具箱中选择【文字工具】，在文档中创建文本框并输入文字对象，在控制栏中将【字体】设置为华康少女文字 W5（P），将【字体大小】设置为 110 点，将【填色】设置为白色，根据效果调整文字的位置，显示效果如图 1-116所示。

图1-115 素材效果

图1-116 文字效果

05 在此文本的右边创建文本框并输入文字对象，用同样的文字样式，将颜色模式更改为 RGB 颜色模式，RGB 的各个颜色值为220、44、124，如图 1-117 所示。

06 使用同样方式对其他的文字参数进行调整，如图 1-118 所示。

图1-117　更改颜色

图1-118　效果图

➡ 1.4　思考与练习

　　1. 如何旋转对象?

　　2. 如何创建分组?

第 ② 章　卡片设计——文字的处理

本章主要介绍文本的创建与编辑，例如添加文本、设置文本等操作，除此之外，用户还可以在InDesign CC 2018中进行简单的文字编辑，可以对文本框架、文本对象等进行灵活的操作。

SERVICE CARD
售后服务保障卡

希望我们的真诚服务　能够让您满意
您的信赖是我们进步的最大动力

退换货登记表

买家的账号（必填）：
买家的姓名（必填）：
买家的电话（必填）：
订单的编号（必填）：

换货 □　退货 □

卡片是承载信息或用于娱乐的物品，名片、电话卡、会员卡、吊牌、贺卡等均属此类。其制作材料可以是PVC、透明塑料、金属以及纸质材料等。本章将介绍卡片的设计。

基础知识
➤ 添加文本
➤ 编辑文本

重点知识
➤ 制作名片、制作 VIP 会员积分卡
➤ 制作售后服务保障卡

提高知识
➤ 调整文本框架的外观
➤ 文字的设置

2.1 制作名片——输入文本

名片代表集体、个人形象，一款好的名片能让我们事半功倍。下面将介绍如何用 InDesign CC 2018 快速、轻松地制作名片。其效果如图 2-1 所示。

图2-1　名片效果

素材：	素材\Cha02\名片素材.indd
场景：	场景\Cha02\制作名片——输入文本.indd
视频：	视频教学\Cha02\2.1　制作名片——输入文本.mp4

01 按 Ctrl+O 组合键，弹出【打开文件】对话框，选择"素材\Cha02\名片素材.indd"素材文件，单击【打开】按钮，如图 2-2 所示。

图2-2　打开素材文件

02 使用【文字工具】T，拖动鼠标绘制文本框并输入文本，将【字体】设置为方正魏碑简体，【字体系列】设置为 Regular，【字体大小】设置为 36 点，在【颜色】面板中将 RGB 值设置为 255、255、255，如图 2-3 所示。

图2-3　设置文本参数

> 🏷 **提　示**
>
> 按 Ctrl+T 组合键，可打开【字符】面板。

03 使用【文字工具】，拖动鼠标绘制文本框并输入文本，将【字体】设置为微软雅黑，【字体系列】设置为 Regular，【字体大小】设置为 13 点，在【颜色】面板中将 RGB 值设置为 255、255、255，如图 2-4 所示。

图2-4　设置文本参数

04 使用【钢笔工具】✏ 绘制如图 2-5 所示的图形，将【填色】的 RGB 值设置为 250、176、59，【描边】设置为无。

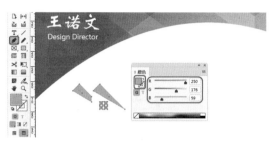

图2-5 设置图形参数

05 使用【钢笔工具】绘制如图 2-6 所示的图形，将【填色】的 RGB 值设置为 194、38、46，【描边】设置为无。

图2-6 设置图形参数

06 使用【文字工具】，拖动鼠标绘制文本框并输入文本，将【字体】设置为长城新艺体，【字体系列】设置为 Regular，【字体大小】设置为 17 点，在【颜色】面板中将 RGB 值设置为 193、39、45，如图 2-7 所示。

图2-7 设置文本参数

07 使用【文字工具】，拖动鼠标绘制文本框并输入文本，将【字体】设置为黑体，【字体系列】设置为 Regular，【字体大小】设置为 9.5 点，在【颜色】面板中将 RGB 值设置为 241、90、36，如图 2-8 所示。

图2-8 设置文本参数

08 使用【矩形工具】绘制矩形，将【填色】的 RGB 值设置为 255、166、0，【描边】设置为无，如图 2-9 所示。

图2-9 设置矩形颜色

09 使用【钢笔工具】绘制如图 2-10 所示的图形，将【填色】设置为白色，【描边】设置为无。

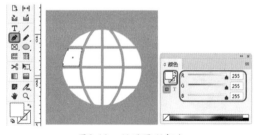

图2-10 设置图形颜色

10 使用【文字工具】拖动鼠标绘制一个文本框，输入文本，将【文本颜色】的 RGB 值设置为 249、118、0，如图 2-11 所示。

图2-11 设置文本参数

知识链接：名片

名片，中国古代称名刺，是谒见、拜访或访问时用的小卡片，上面印有个人的姓名、地址、职务、电话号码、邮箱等。名片是新朋友互相认识、自我介绍的最快、最有效的方法。交换名片是商业交往的一个标准动作。

11 使用同样的方法制作如图 2-12 所示的图形和文本对象。

图2-12 制作完成后的效果

12 使用【选择工具】▶，按住鼠标左键拖动鼠标框选如图 2-13 所示的 Logo 对象。

图2-13 选择Logo对象

13 将 Logo 对象进行复制，调整复制后 Logo 的大小及位置，将【填色】设置为 255、255、255，如图 2-14 所示。

14 使用【文字工具】，拖动鼠标绘制文本

框并输入文本，将【字体】设置为长城新艺体，【字体系列】设置为 Regular，【字体大小】设置为 30 点，在【颜色】面板中将 RGB 值设置为 255、255、255，如图 2-15 所示。

图2-14 更改Logo颜色

图2-15 设置文本参数

15 使用【文字工具】，拖动鼠标绘制文本框并输入文本，将【字体】设置为黑体，【字体系列】设置为 Regular，【字体大小】设置为 16.5 点，在【颜色】面板中将 RGB 值设置为 255、255、255，如图 2-16 所示。

图2-16 设置文本参数

16 至此，名片设计就制作完成了，效果如图 2-17 所示。

图2-17　名片效果

知识链接：名片要素

（1）属于造型的构成要素如下。

- 插图（象征性或装饰性的图案）。
- 标志（图案或文字造型的标志）。
- 商品名（商品的标准字体，又叫合成文字或商标文字）。
- 饰框、底纹（美化版面、衬托主题）。

（2）属于文字的构成要素如下。

- 公司名（包括公司中英文全名与营业项目）。
- 标语（表现企业风格的完整短句）。
- 人名（中英文职称、姓名）。
- 联络资料（中英文地址、电话、移动电话、传真号码）。

（3）其他相关要素如下。

- 色彩（色相、明度、彩度的搭配）。
- 编排（文字、图案的整体排列）。

2.1.1　添加文本

在InDesign文档中可以很方便地添加文本、粘贴文本、拖入文本、导入文本和导出文本。InDesign是在框架内处理文本的，框架可以提前创建或在导入文本时由InDesign自动创建。

1. 输入文本

在InDesign CC 2018中输入新的文本时，会自动套用【基本段落样式】中设置的样式属性，这是其预定义的样式。下面将介绍如何输入文本。

---

01 在菜单栏中选择【文件】|【打开】命令，在弹出的对话框中打开"素材 \Cha02\ 素材001.indd"文件，如图2-18所示。

图2-18　打开素材文件

02 在工具箱中单击【文字工具】 T ，在文档窗口中按住鼠标左键并拖动，创建一个新的文本框架。输入文本，选中输入后的文本，在控制面板中将【字体】设置为方正隶书简体，【字体大小】设置为33点，【填色】的RGB值设置为233、54、159，完成后的效果如图2-19所示。

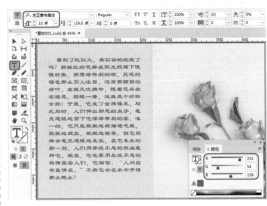

图2-19　输入文本并进行设置

如果是从事专业排版的新手，就需要了解有关在打字机上或字处理程序中输入文本域与在一个高端出版物中输入文本之间的区别。

- 在句号或冒号后面不要输入两个空格，如果输入两个空格会导致文本排列出现问题。

- 不要在文本中输入多余的段落回车，也不要输入制表符来缩进段落，可以使用段落属性来实现需要的效果。

- 需要使文本与栏对齐时，不要输入多余的制表符；在每个栏之间放一个制表符，然后对齐制表符即可。

提 示

> 如果需要查看文本中哪有制表符、段落换行、空格和其他不可见的字符，可以执行【文字】|【显示隐含的字符】命令，或按 Alt+Ctrl+I 组合键，即可显示出文本中隐含的字符。

2. 粘贴文本

当文本在 Windows 剪贴板中时，可以将其粘贴到光标所在位置或使用剪贴板中的文本替换选中的文本。如果当前没有活动的文本框架，InDesign 会自动创建一个新的文本框架来包含粘贴的文本。

在 InDesign 中可以通过【编辑】菜单或组合键对文本进行剪切、复制和粘贴等操作，其具体操作步骤如下。

01 在工具箱中单击【文字工具】按钮 T，在文档窗口中选择如图 2-20 所示的文字。

图2-20　选择文本

02 在菜单栏中选择【编辑】|【复制】命令，或按 Ctrl+C 组合键进行复制，如图 2-21 所示。

03 在文档窗口的其他位置上拖动鼠标绘制出文本框，在菜单栏中选择【编辑】|【粘贴】命令，并使用【选择工具】 ▶ 调整其位置，完成后的效果如图 2-22 所示。

从 InDesign 复制或剪切的文本通常会保留格式，而从其他程序粘贴到 InDesign 文档中的文本通常会丢失格式。在 InDesign 中，可以在粘贴文本时指定是否保留文本格式。如果执行【编辑】|【无格式粘贴】命令或按键盘上的

Ctrl+Shift+V 组合键，即可删除文本的格式并粘贴文本。

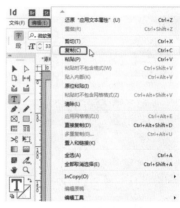

图2-21　选择【复制】命令

图2-22　复制后的效果

提 示

> 除此之外，用户还可以在选中文字后，右击鼠标，在弹出的快捷菜单中选择相应的命令，如图 2-23 所示。

图2-23　单击鼠标右键弹出的快捷菜单

3. 拖放文本

当拖放一段文本选区时，其格式会丢失。拖放一个文本文件，其过程类似于文本导入，文本不但会保留其格式，而且会带来它的样式表。拖放文本操作与使用【置入】命令导入文本不同，拖放文本操作不会提供指定文本文件中格式和样式如何处理的选项。

> **提示**
> 拖入 InDesign 文档中的文本必须从 InDesign 所支持的文本文件中拖入，InDesign 所支持的文本文件格式有 Microsoft Word 2003/2007 或更高版本、Excel 2003/2007 或更高版本、RichTextFormat（RTF）或纯文本等。

4. 导出文本

在 InDesign CC 2018 中不能将文本导出为 Word 这样的字处理程序格式。如果需要将 InDesign 文档中的文本导出，可以将 InDesign 文档中的文本导出为 RTF、Adobe InDesign 标记文本和纯文本格式。下面将介绍如何导出文本。

01 在工具箱中单击【文字工具】按钮 **T**，在文档窗口中选择如图 2-24 所示的文本。

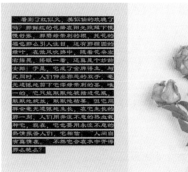

图2-24 选择文本

02 在菜单栏中选择【文件】|【导出】命令，或按 Ctrl+E 快捷键，如图 2-25 所示。

> **提示**
> 如果需要将导出的文本发送到使用字处理程序的用户，可以将文本导出为 RTF 格式；如果需要将导出的文本发送给另一个保留了所有 InDesign 设置的 InDesign 用户，可以将文本导出为 InDesign 标记文本。

图2-25 选择【导出】命令

03 在弹出的对话框中选择要导出的路径，为其重命名，将【保存类型】设置为 RTF，如图 2-26 所示。设置完成后，单击【保存】按钮即可。

图2-26 【导出】对话框

> **提示**
> 如果在文本框架内选中了某一部分文本，则只有选中的文本会被导出；否则，整篇文章都会被导出。

2.1.2 编辑文本

与其他软件一样，在 InDesign CC 2018 中，用户同样也可以对输入的文本进行编辑，例如选择、删除或更改文本等，本节将对其进行简单介绍。

1. 选择文本

在 InDesign CC 2018 中，如果要对文本进行编辑，首先必须将需要编辑的文本选中，用户可以在工具箱中单击【文字工具】按钮，然后选择要编辑的文字；或者按住键盘上的 Shift 键的同时按键盘上的方向键，也可以选中需要编辑的文本。

使用【文字工具】在文本框中双击，可以选择一段文字，如图 2-27 所示。在文本框中连续单击 3 次，可以选择一行文字，如图 2-28 所示。

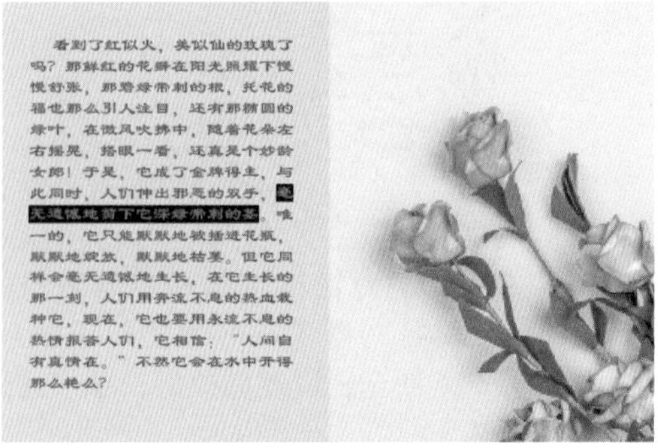

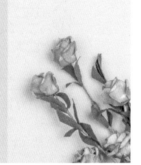

图2-27　选择文本

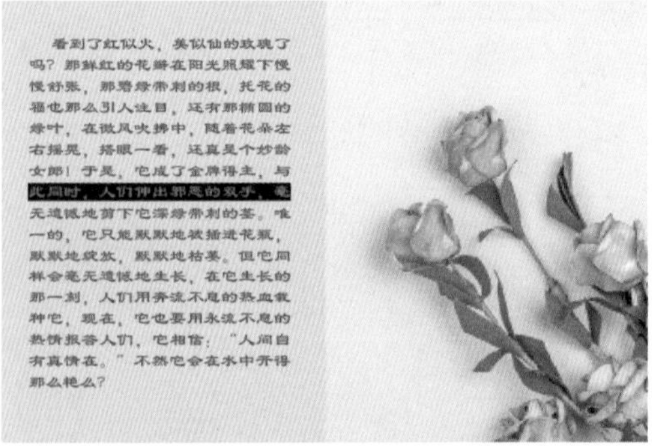

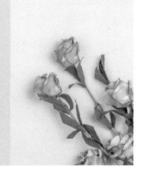

图2-28　选择一行文字

提　示

在文本框中按 Ctrl+A 组合键，可以将文本框中的文本全部选中；按 Shift+Ctrl+A 组合键，则取消选择文本框中的所有文本。

2. 删除和更改文本

在 InDesign CC 2018 中，文本删除和更改是很简单和方便的。如果用户要删除文本，可将光标移动到要删除文字的右侧，按键盘上的 Backspace 键，即可向左删除文本；如果按键盘上的 Delete 键，则可向右删除文本。

如果要更改文本，可使用【文字工具】在文本框中拖动选择一段要更改的文本，如图 2-29 所示，直接输入文本即可更改文本内容，更改后的效果如图 2-30 所示。

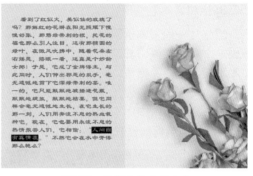

图2-29　选择要更改的文本

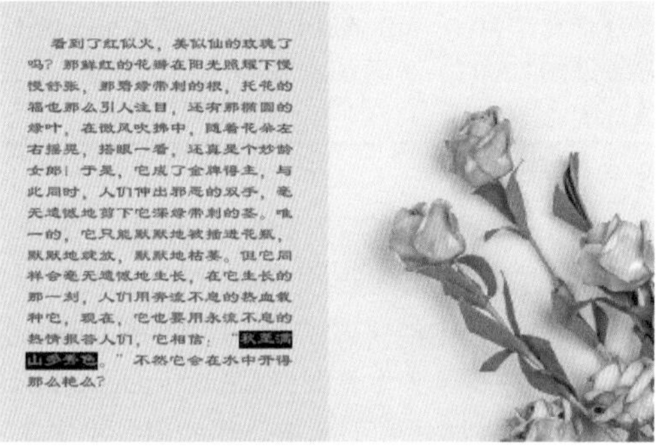

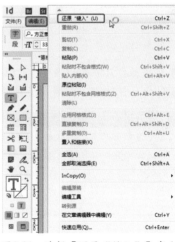

图2-30　更改后的效果

3. 还原文本编辑

如果在修改文本过程中，多删除了文本内容，没有关系，在 InDesign CC 2018 中提供了【还原】功能。在菜单栏中选择【编辑】|【还原“键入”】命令，如图 2-31 所示，即可返回到上一步进行的操作。如果不想还原，可再次选择【编辑】|【重做】命令，返回到下一步进行的操作。

图2-31　选择【还原“键入”】命令

2.1.3 使用标记文本

InDesign CC 2018 提供了一种自身的文件格式，即 Adobe InDesign 标记文本。标记文本实际上是一种 ASCII 文本，即纯文本，它会告知 InDesign CC 2018 应用哪种格式的嵌入代码。在字处理程序中创建文件时，就会嵌入这些与宏相似的代码。

无论使用什么排版程序，大多数人都不会使用标记文本选项，因为编码可能十分麻烦：由于不能使用带有字处理程序格式的标记文本，所以必须使用标记文本对每个对象编码并将文档保存为 ASII 文件。之所以要用标记文本，是因为这种格式一定会支持 InDesign 中所有的格式。

1. 导出标记文本

标记文本的用途不在于创建用于导入的文本，而在于将 InDesign CC 2018 中的文件传输到另一个 InDesign 用户或字处理程序中进行进一步处理。可以将一篇 InDesign 文章或一段文本导出为标记文本格式，然后将导出的文件传输到另一个 InDesign 用户或字处理程序中进行进一步编辑。下面将介绍如何导出标记文本。

01 在菜单栏中选择【文件】|【打开】命令，在弹出的对话框中打开"素材\Cha02\素材\002.indd"文件，如图 2-32 所示。

图2-32　打开素材文件

02 在工具箱中单击【文字工具】按钮 T ，在文档窗口中选择如图 2-33 所示的文字。

03 在菜单栏中选择【文件】|【导出】命令，如图 2-34 所示。

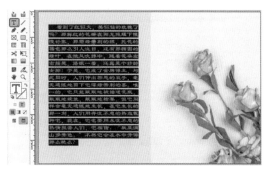

图2-33　选择文本

图2-34　选择【导出】命令

04 在弹出的对话框中为其指定导出的路径，为其命名，将【保存类型】设置为 Adobe InDesign 标记文本，将【文件名】设置为素材002.txt，如图 2-35 所示。

图2-35　【导出】对话框

05 设置完成后，单击【保存】按钮，再在弹出的对话框中选中【缩写】单选按钮，将【编码】类型设置为 ASCII，如图 2-36 所示。

图2-36 【Adobe InDesign标记文本导出选项】对话框

06 设置完成后，单击【确定】按钮，即可完成导出标记文本操作。

如果要在不丢失字处理程序不支持的特殊格式的情况下添加或删除文本，将标记文本导入一个字处理程序中就很有意义。编辑文本后，就可以保存改变的文件并将其重新导入InDesign版面中。

理解标记文本格式的最佳方法就是将一些文档导出为标记文本，并在一个字处理程序中打开结果文件，查看InDesign如何编辑文件。一个标记文本文件只是一个ASCII文本文件，因此它会有文件扩展名，在Windows中为.txt，在Mac上使用标准的纯文本文件图标。

2. 导入标记文本

下面将介绍如何导入标记文本，具体操作步骤如下。

01 在工具箱中单击【文字工具】按钮 T，在文档窗口中选择如图2-37所示的文本。

图2-37 选择文本

02 在菜单栏中选择【文件】|【置入】命令，在弹出的对话框中选择"素材\Cha02\标记文本.txt"素材文件，勾选【显示导入选项】复选框，如图2-38所示。

03 单击【打开】按钮，在弹出的对话框中使用其默认设置，如图2-39所示。

图2-38 【置入】对话框

图2-39 【Adobe InDesign标记文本导入选项】对话框

04 单击【确定】按钮，将导入的文字选中，在控制栏中【字体】设置为方正隶书简体，【字体大小】设置为30点，完成后的效果如图2-40所示。

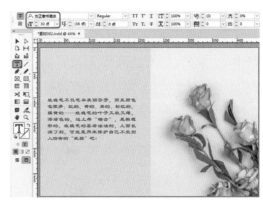

图2-40 设置完成后的效果

在弹出的【Adobe InDesign标记文本导入选项】对话框中共有四个参数设置，其功能分别如下。

- 【使用弯引号】：确认导入的文本中包含左右弯引号（""）号和弯单引号（''）。而不是英文直引号（""）和直单引号（''）。
- 【移去文本格式】：勾选该复选框，从

导入的文本中移去格式，如字体、文字颜色和文字样式。

- 【解决文本样式冲突的方法】：在该下拉列表中有两个选项，即【出版物定义】和【标记文件定义】。如果选择【出版物定义】选项，可以使用文档中该样式名已有的定义；如果选择【标记文件定义】选项，可以使用标记文本中定义的样式。该选项创建该样式的另一个实例，在【字符样式】或【段落样式】面板中，该实例的名称后面将追加【副本】文字。

- 【置入前显示错误标记列表】：勾选该复选框，将显示无法识别的标记列表。如果显示列表，可以选择取消或继续导入。如果继续，则文件可能不会按预期显示。

2.1.4 查找和更改文本

查找与更改是字处理程序中一个非常有用的功能。在 InDesign CC 2018 中，用户可以使用【查找/更改】对话框在文档的所有文本中查找或更改需要的文本。下面对查找和更改文本进行简单的介绍。

01 在菜单栏中选择【文件】|【打开】命令，在弹出的对话框中打开"素材\Cha02\素材\素材003.indd"素材文件，如图2-41所示。

图2-41　选择素材文件

02 在菜单栏中选择【编辑】|【查找/更改】命令，如图2-42所示。

图2-42　选择【查找/更改】命令

03 在弹出的对话框中选择【文本】选项卡，在【查找内容】文本框中输入"五光十色"，在【更改为】文本框中输入"五颜六色"，如图2-43所示。

图2-43　【查找/更改】对话框设置

04 设置完成后，单击【全部更改】按钮，在弹出的 Adobe InDesign 对话框中单击【确定】按钮，将对话框关闭，完成后的效果如图2-44所示。

图2-44　完成后的效果

1.【文本】选项卡

在该选项卡中可以搜索并更改一些特殊字符、单词、多组单词或特定格式的文本，该选项卡大致可以分为【查找内容】、【更改为】、【搜索】、【查找格式】、【更改格式】部分和相应的控制按钮。

- 【存储查询】按钮 ：单击该按钮，可以保存查询的内容。

- 【删除查询】按钮 ：单击该按钮，可以将所保存的查询内容进行删除。当单击该按钮后，会弹出一个对话框，提示是否要删除选定的查询，如图2-45所示。

图2-45　【警告】对话框

- 【查找内容】：在【查找内容】文本框中可以输入需要查找的文本。

- 【更改为】：在【更改为】文本框中可以输入替换在【查找内容】文本框中输入的文本内容。

- 【要搜索的特殊字符】按钮 ：单击【查找内容】与【更改为】文本框右侧的【要搜索的特殊字符】按钮，在弹出的下拉列表中可以选择特殊的字符，如图2-46所示。

图2-46　【要搜索的特殊字符】下拉列表

- 【搜索】：在【搜索】下拉列表中可以选择搜索的范围，当选择【所有文档】和【文档】选项时，可以搜索当前所有打开的 InDesign 文档；当选择【文章】选项时，可以搜索当前所选中的文本框中的文本，其中包括与该文本框相串接的其他文本框；当选择【到文章末尾】选项时，可以搜索从鼠标点击处的插入点与文章结束之间的文本，下拉列表如图 2-47 所示。

图2-47　搜索下拉列表

- 【包括锁定的图层和锁定的对象】按钮 ：单击该按钮，在已经设置了锁定的图层中的文本框也同样会被搜索，但是仅限于查找，不可以更改。

- 【包括锁定文章】按钮 ：单击该按钮，在已经设置了锁定的文本框也同样会被搜索，但是仅限于查找，不可以更改。

- 【包括隐藏的图层和隐藏的对象】按钮 ：单击该按钮，在已经设置了隐藏图层中的文本框也同样会被搜索，当在隐藏图层中的文本框中搜索到需要查找的文本时，该文本框会突出显示，但不能看到文本框中的文本。

- 【包括主页】按钮 ：单击该按钮，可以搜索主页中的文本。

- 【包括脚注】按钮 ：单击该按钮，可以搜索脚注中的文本。

- 【区分大小写】按钮 ：单击该按钮，只会搜索与【查找内容】文本框中输入的字母大小写完全匹配的字母或单词。

● 【全字匹配】按钮🔤：单击该按钮，只会搜索与【查找内容】文本框中输入的单词全完匹配的单词，如【查找内容】文本框中输入 Book，在搜索的文本框中如果存在 Books 单词将会被忽略。

● 【区分假名】按钮🔤：单击该按钮，在搜索过程中可以区分平假名和片假名。

● 【区分全角／半角】按钮🔤：单击该按钮后，在搜索过程中可以区分全角字符和半角字符。

● 【查找格式】列表与【更改格式】列表：单击列表框右侧的【指定要更改的属性】🔍按钮，或在列表框中单击，便可以打开【查找格式设置】对话框，如图 2-48 所示。在该对话框中左侧的列表中提供了 25 个选项，每选中一个选项，在右侧便会出现该选项的相应设置。可以添加各种不同的搜索或更改的格式属性，设置完成后，单击【确定】按钮便可以添加搜索的格式属性，如图 2-49 所示。

图2-48 【查找格式设置】对话框

图2-49 添加搜索的格式属性

● 【清除指定的属性】按钮🗑：单击该按钮后，即可将其对应的列表框中的属性进行清除。

2. GREP 选项卡

在该选项卡中使用高级搜索方法，可以构建 GREP 表达式，以便在比较长的文档或在打开的多个文档中查找字母、字符串、数字和模式，如图 2-50 所示。可以直接在文本框中输入 GREP 元字符，也可以单击【要搜索的特殊字符】按钮，在弹出的下拉列表中选择元字符。GREP 选项卡在默认状态下会区分搜索时字母的大小写，其他设置与【文本】选项卡基本相同。

图2-50 GREP选项卡

3.【字形】选项卡

在该选项卡中可以使用Unicode或GID/CID值搜索并替换字形，该选项卡在查找或更改亚洲字形时非常实用。该选项卡大致可以分为【查找字形】选项组、【更改字形】选项组和【搜索】选项，如图2-51所示。

图2-51 【字形】选项卡

- 【查找字形】选项组：可以设置需要查找的字体系列、字体样式、ID 选项。
- 【字体系列】：可以设置需要查找文本的字体，直接在文本框中输入中文是无效的。可以在该选项的下拉列表中选择，下拉列表中只会出现当前打开的文档中现有的字体。
- 【字体样式】：可以设置需要查找文本的字体样式，直接在文本框中输入中文是无效的，可以在该选项的下拉列表中选择。
- ID：可以设置使用 Unicode 值方式搜索，还是使用 GID/CID 值的方式搜索。
- 【字形】：在该选项框中可以选择一种字形。
- 【更改字形】选项组：该选项组与【查找字形】选项组设置的方法基本相同。

4.【对象】选项卡

在该选项卡中可以搜索更改框架属性和框架效果。该对话框大致可以分为【查找对象格式】、【更改对象格式】、【搜索】和【类型】4个部分，如图 2-52 所示。

图2-52　【对象】选项卡

- 【指定要查找的属性】按钮：单击该按钮，弹出【查找对象格式选项】对话框。在该对话框中可以设置需要查找的对象属性或效果，如图 2-53 所示。

图2-53　【查找对象格式选项】对话框

- 【清除指定的属性】按钮：单击该按钮，可以将其对应的属性设置清除。
- 【搜索】：在【搜索】下拉列表中可以选择搜索的范围。
- 【类型】：可以在该下拉列表中选择需要查找对象的类型。选择【所有框架】选项时，可以在所有框架中进行搜索；选择【文本框架】选项时，可以在所有的文本框架中进行搜索；选择【图形框架】选项时，可以在所有的图形框架中进行搜索；选择【未指定的框架】选项时，可以在所有未指定的框架中进行搜索。

5.【全角半角转换】选项卡

在该选项卡中可以搜索半角或全角文本并可以相互转换，还可以搜索半角片假名或半角罗马字符与全角片假名或全角罗马字符并相互转换。该对话框大致可以分为【查找内容】、【更改为】、【搜索】、【查找格式】和【更改格式】等部分，如图 2-54 所示。

在【查找内容】与【更改为】下拉列表中可以设置需要查找或更改的选项，如图 2-55 所示。其他设置与【文本】选项卡中设置方法基本相同。

🏷 **提　示**

此时【查找】按钮将会变成【查找下一个】按钮。如果查找到的不是需要的内容，可以单击【查找下一个】按钮。

图2-54　【查找/更改】对话框

图2-55　【查找内容】下拉列表

📌2.2　制作VIP会员积分卡 ——设置文本

积分卡是一种消费服务卡，采用PVC材质制作，常用于商场、超市、卖场、娱乐、餐饮、服务等行业，本实例讲解VIP会员积分卡的制作方法，效果图如图2-56所示。

素材	素材\Cha02\ VIP会员积分卡背景.jpg
场景	场景\Cha02\制作VIP会员积分卡——设置文本框架.indd
视频	视频教学\Cha02\2.2　制作VIP会员积分卡——设置文本框架.mp4

图2-56　VIP会员积分卡

01 按Ctrl+N组合键，弹出【新建文档】对话框，将【宽度】和【高度】设置为90毫米、110毫米，单击【边距和分栏】按钮，如图2-57所示。

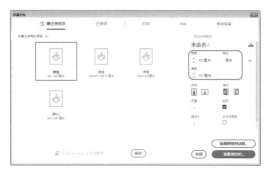

图2-57　新建文档

02 弹出【新建边距和分栏】对话框，将【边距】选项组中的【上】、【下】、【内】、【外】设置为0毫米，单击【确定】按钮，如图2-58所示。

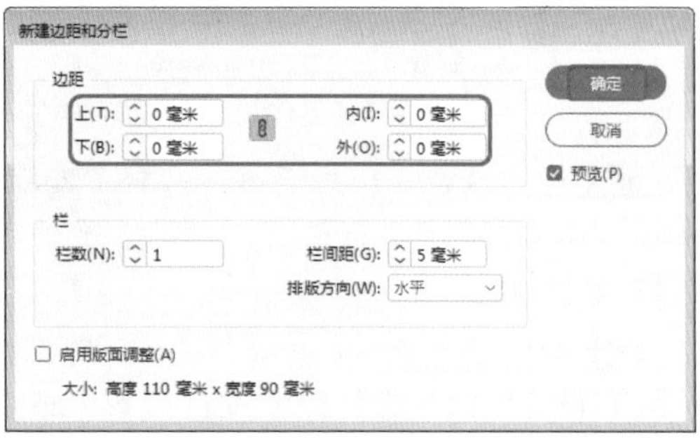

图2-58　【新建边距和分栏】对话框

知识链接：会员卡

会员卡泛指普通身份识别卡，包括商场、宾馆、健身中心、酒家等消费场所的会员认证。它们的用途非常广泛，凡涉及需要识别身份的地方，都可应用到身份识别卡，如学校、俱乐部、公司、机关、团体等。会员制服务也是现在流行的一种服务管理模式，它可以提高顾客的回头率，提升顾客对企业的忠诚度，很多服务行业都采取这样的服务模式。会员制的形式多数都表现为会员卡。一个公司发行的会员卡相当于公司的名片，在会员卡上可以印刷公司的标志或者图案，是公司进行广告宣传的理想载体。同时发行会员卡还能起到吸引新顾客、留住老顾客、增强顾客忠诚度的作用，以及能实现打折、积分、客户管理等功能，是一种切实可行的增加效益的途径。

会员卡，从字面上看，就是会员持有的卡片。会员卡的使用范围非常之广，如商场、宾馆、娱乐场所等各式各样的消费中心都拥有会员认证。会员卡是现代文明社会传统营销的一大重要手段。会员卡最初出现于欧洲娱乐场所和俱乐部，而如今随着互联网的快速发展普及，会员卡已经走入了互联网，受到众多网络用户的推崇与欢迎。可以说会员卡是商户锁定客源的最有效方法。

03 在菜单栏中选择【文件】|【置入】命令，如图2-59所示。

图2-59 选择【置入】命令

04 弹出【置入】对话框，选择"素材\Cha02\VIP会员积分卡背景.jpg"素材文件，单击【打开】按钮，如图2-60所示。

05 弹出【图像导入选项（VIP会员积分卡背景.jpg）】对话框，保持默认设置，单击【确定】按钮，如图2-61所示。

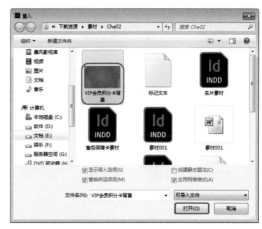

图2-60 选择素材文件

图2-61 【图像导入选项（VIP会员积分卡背景.jpg）】对话框

06 在页面中单击鼠标，置入素材图片。将素材文件进行复制，调整对象的位置，在【链接】面板中，选择【VIP会员积分卡背景.jpg(2)】选项，单击鼠标右键，在弹出的快捷菜单中选择【嵌入"VIP会员积分卡背景.jpg"的所有实例】命令，如图2-62所示。

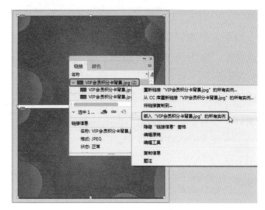

图2-62 嵌入链接

07 使用【文字工具】，拖动鼠标绘制文本框并输入文本，将【字体】设置为方正小标宋简体，【字体大小】设置为88点，【倾斜】设置为20°。在【渐变】面板中将【类型】设置为线性，将0位置处的RGB值设置为217、183、102，将50%位置处的RGB值设置为250、238、178，将100%位置处的RGB值设置为217、183、102，如图2-63所示。

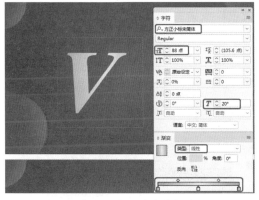

图2-63　设置文本参数

08 使用【文字工具】，拖动鼠标绘制文本框并输入文本，将【字体】设置为方正小标宋简体，【字体大小】设置为70点，【倾斜】设置为20°。在【渐变】面板中将【类型】设置为线性，将0位置处的RGB值设置为217、183、102，将50%位置处的RGB值设置为250、238、178，将100%位置处的RGB值设置为217、183、102，如图2-64所示。

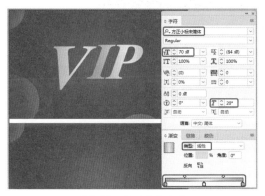

图2-64　设置文本参数

09 使用【文字工具】，拖动鼠标绘制文本框并输入文本，将【字体】设置为方正隶书简体，【字体大小】设置为20点，【倾斜】设置为0°。在【渐变】面板中将【类型】设置为线性，将0位置处的RGB值设置为217、183、102，将50%位置处的RGB值设置为250、238、178，将100%位置处的RGB值设置为217、183、102，如图2-65所示。

图2-65　设置文本参数

10 使用【文字工具】，拖动鼠标绘制文本框并输入文本，将【字体】设置为经典隶书简，【字体大小】设置为12点。在【渐变】面板中将【类型】设置为线性，将0位置处的RGB值设置为217、183、102，将50%位置处的RGB值设置为250、238、178，将100%位置处的RGB值设置为217、183、102，如图2-66所示。

图2-66　设置文本参数

11 使用【文字工具】，拖动鼠标绘制文本框并输入文本，将【字体】设置为经典隶书简，【字体大小】设置为5点。在【渐变】面板中将【类型】设置为线性，将0位置处的RGB值设置为217、183、102，将50%位置处的RGB值设置为250、238、178，将100%位置处的 RGB 值设置为 217、183、102，如图 2-67 所示。

图2-67　设置文本参数

12 使用【直线工具】绘制直线，在【描边】面板中将【粗细】设置为 1 点，在【颜色】面板中将【填色】设置为无，【描边】的 RGB 值设置为 217、183、102，如图 2-68 所示。

图2-68　设置直线参数

13 使用【文字工具】，拖动鼠标绘制文本框并输入文本，将【字体】设置为微软雅黑，【字体大小】设置为 11 点，在【颜色】面板中将 RGB 值设置为 255、250、0，如图 2-69 所示。

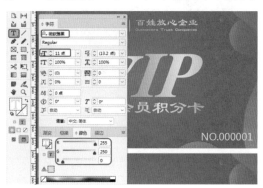

图2-69　设置文本参数

14 使用【文字工具】，拖动鼠标绘制文本框并输入文本，将【字体】设置为黑体，【字体大小】设置为 6 点。在【颜色】面板中将【填

色】设置为白色，如图 2-70 所示。

图2-70　设置文本参数

15 使用【矩形工具】绘制矩形，在控制栏中分别将 W、H 设置为 90 毫米、8.5 毫米，【填色】设置为黑色，【描边】设置为无，如图 2-71 所示。

图2-71　设置矩形参数

16 使用【文字工具】，拖动鼠标绘制文本框并输入文本，将【字体】设置为黑体，【字体大小】设置为 10 点，在【颜色】面板中将【填色】设置为白色，如图 2-72 所示。

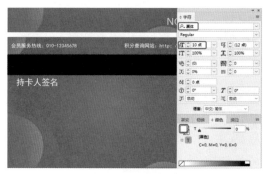

图2-72　设置文本参数

▶▶ 知识链接：会员卡分类

　　会员卡按材质可分为：普通印刷会员卡，磁条会员卡，IC 会员卡，ID 会员卡，金属会员卡。

会员卡按行业可分为：酒店会员卡，美食会员卡，旅游会员卡，医疗会员卡，美发会员卡，服装会员卡，网吧会员卡。

会员卡按等级可分为：贵宾会员卡，会员金卡，会员银卡，普通会员卡。

会员卡按功能可分为：预付费会员卡，返现会员卡，积分会员卡，打折会员卡。

会员卡按发行方可分为：普通会员卡，第三方会员卡。

会员卡按存储介质技术可分为：PVC 卡，磁卡，射频 ID 卡，IC 卡（射频 IC 卡、接触式 IC 卡），双界面 IC 卡（磁条 IC 卡、双界面接触式 IC 卡），可视卡。

会员卡按使用授权可分为：正式会员卡，临时会员卡，永久会员卡。

17 使用【文字工具】，拖动鼠标绘制文本框并输入文本，将【字体】设置为黑体，【字体大小】设置为 5 点，在【颜色】面板中将【填色】设置为白色，如图 2-73 所示。

图2-73　设置文本参数

18 使用【矩形工具】绘制矩形，将 W、H 分别设置为 32 毫米、7 毫米，在【颜色】面板中将【填色】的 RGB 值设置为 219、168、43，【描边】设置为无，如图 2-74 所示。

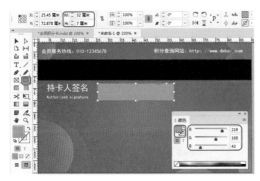

图2-74　设置矩形参数

19 使用【文字工具】，拖动鼠标绘制文本

框并输入文本，将【字体】设置为黑体，【字体大小】设置为 6 点，在【颜色】面板中将 RGB 值设置为 255、255、255，如图 2-75 所示。

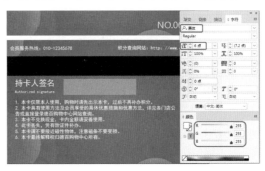

图2-75　设置文本参数

20 选择如图 2-76 所示的文本，在菜单栏中选择【编辑】|【复制】命令。

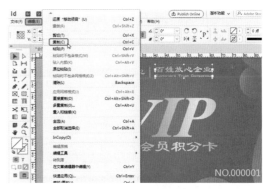

图2-76　选择【复制】命令

21 按 Ctrl+V 组合键粘贴对象，调整对象的位置，效果如图 2-77 所示。

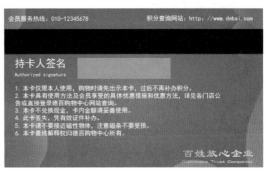

图2-77　调整位置

22 至此，VIP 会员积分卡就制作完成了，效果如图 2-78 所示。

图2-78 制作完成后的效果

2.2.1 设置文本框架

利用 InDesign CC 2018 中的【文本框架选项】功能，可以方便快捷地对文本框架进行设置。

01 在菜单栏中选择【文件】|【打开】命令，在弹出的对话框中打开"素材\Cha02\素材\素材 004.indd"素材文件，如图 2-79 所示。

图2-79 打开的素材文件

02 在工具箱中单击【选择工具】按钮 ，在文档窗口中选择如图 2-80 所示的对象。

03 在菜单栏中选择【对象】|【文本框架选项】命令，如图 2-81 所示。

04 在弹出的对话框中选择【常规】选项卡，将【栏数】设置为 2，将【栏间距】设置为 2 毫米，如图 2-82 所示。

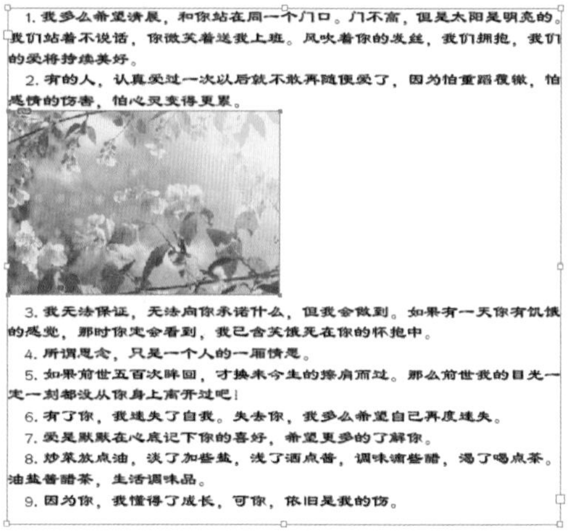

图2-80 选择对象

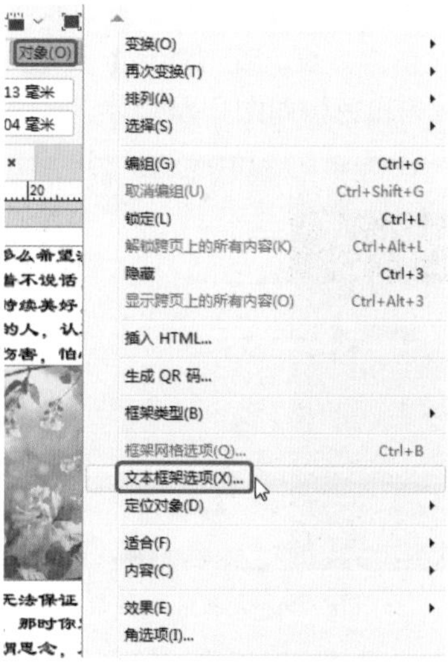

图2-81 选择【文本框架选项】命令

图2-82 【文本框架选项】对话框

05 设置完成后，单击【确定】按钮，即可完成选中对象的设置，完成后效果如图 2-83 所示。

图2-83 设置完成后的效果

【文本框架选项】对话框中的各选项的功能如下。

①【列数】选项组。

该选项组是设置文本框中文本内容的分栏方式的。

- 【栏数】：在文本框中输入数值可以设置文本框的栏数，如图 2-84 所示。

- 【栏间距】：该选项可以设置文本之间栏与栏之间的间距。

- 【宽度】：在该文本框中输入数值，可以控制文本框架的宽度。数值越大，文本框架的宽度就越宽；数值越小，文本框架的宽度就越窄。

- 【平衡栏】：勾选该复选框，可以将文字平衡分到各个栏中。

②【内边距】选项组。

在该选项组下的文本框中输入数值，可以设置文本框架向内缩进。

③【垂直对齐】选项组。

该选项组是设置文本框架中文本内容对齐方式的。

- 【对齐】：在该选项中可以对文本设置对齐方式，包括【上】、【居中】、【下】和【两端对齐】四个选项。

- 【忽略文本绕排】：勾选该复选框，如果在文档中对图片或图形进行了文本绕排，则取消文本绕排。

- 【预览】：勾选该复选框后，在【文本框架选项】对话框中设置参数时，在文档中会看到设置的效果。

图2-84 【文本框架选项】对话框

④【首行基线】选项组。

要更改所选文本框架的首行基线选项，可以在【文本框架选项】对话框中选择【基线选项】选项卡，【首行基线】选项组的【位移】下拉列表中有以下几个选项，如图 2-85 所示。

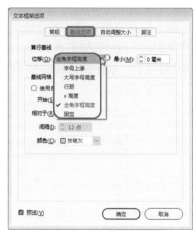

图2-85 【位移】下拉列表

- 【字母上缘】：字体中字符的高度降到文本框架的位置。

- 【大写字母高度】：大写字母顶部触及文本框架上的位置。

- 【行距】：以文本的行距值作为文本首行基线和框架的上内陷之间的距离。

- 【x 高度】：字体中字符的高度降到框架的位置。

- 【全角字框高度】：全角字框决定框架的顶部与首行基线之间的距离。

- 【固定】：指定文本首行基线和框架的上内陷之间的距离。

- 【最小】：选择基线位移的最小值文本，如果将位移设置为【行距】，则当使用的位移值小于行距值时，将应用【行距】；当设置的位移值大于行距值时，则将位移值应用于文本。

⑤【基线网络】选项组。

勾选【使用自定基线网格】复选框，将【基线网格】选项组激活，各选项介绍如下。

- 【开始】：在文本框中输入数值，以从页面顶部、页面的上边距、框架顶部或框架的上内陷移动网格。

- 【相对于】：该选项中有以下参数可供选择，包括【页面顶部】、【上边距】、【框架顶部】和【上内边距】。

- 【间隔】：在文本框中输入数值作为网格线之间的间距。在大多数情况下，输入的数值等于文本行距的数值，以便于文本行能恰好对齐网格。

- 【颜色】：为网格选择一种颜色，如图 2-86 所示。

图2-86 【颜色】下拉列表

2.2.2 在主页上创建文本框架

在 InDesign CC 2018 中，用户可以根据需要在主页上创建文本框架，默认情况下，在主页上创建的文本框架允许自动将文本排列到文档中。当创建一个新文档时，可以创建一个主页文本框，它将适应页边距并包含指定数量的分栏。

主页可以拥有以下多种文本框。

- 包含像杂志页眉这样的标准文本的文本框。

- 包含像图题或标题等元素的占位符文本的文本框。

- 用于在页面内排列文本的自动置入的文本框，自动置入的文本框被称为主页文本框并创建于【新建文档】对话框。

01 在菜单栏中选择【文件】|【新建】|【文档】命令，在弹出的对话框中勾选【主文本框架】复选框，如图 2-87 所示。

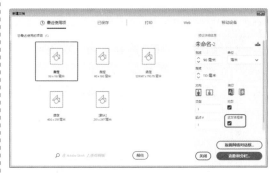

图2-87 勾选【主文本框架】复选框

02 单击【边距和分栏】按钮，在弹出的对话框中进行相应的设置，如图 2-88 所示。

03 设置完成后，单击【确定】按钮，即可创建一个包含主页文本框的新文档。

图2-88 【新建边距和分栏】对话框

2.2.3 串接文本框架

串接文本框架中的文本可独立于其他框架，也可在多个框架之间连续排文。要在多个框架之间连续排文，必须先连接这些框架。连接的框架可位于同一页或跨页，也可位于文档的其他页。在框架之间连接文本的过程称为串接文本。本节将对其进行简单介绍。

1. 串接文本框架

在处理串接文本框架时，首先需要产生可以串接的文本框架，在此基础上才能进行串接、添加现有框架，并在串接框架序列中添加以及取消串接文本框架等操作。

串接文本框架可以将一个文本框架中的内容通过其他文本框架的链接显示。每个文本框架都包含一个入口和一个出口，这些端口用来与其他文本框架进行链接。空的入口或出口分别表示文章的开头或结尾。端口中的箭头表示该框架链接到另一个框架。出口中的红色加号（+）表示该文章中有更多要置入的文本，但没有更多的文本框架可以放置文本，这剩余的不可见文本称为溢流文本。下面将介绍如何串接文本框架。

01 在菜单栏中选择【文件】|【打开】命令，在弹出的对话框中打开"素材\Cha02\ 素材\ 素材 005.indd"素材文件，如图 2-89 所示。

图2-89 打开素材文件

02 在工具箱中单击【选择工具】按钮，在文本窗口中选择如图 2-90 所示的对象。

03 在文档窗口中单击文本框架右下角的田按钮，然后在文档窗口中单击鼠标，将会出现另外一个文本框，完成后的效果如图 2-91 所示。

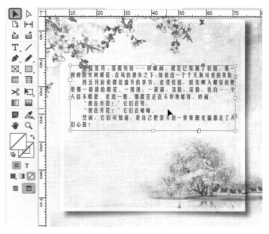

图2-90 选择对象

图2-91 设置完成后的效果

2. 剪切或删除串接文本框架

在剪切或删除串接文本框架时，并不会删除文本内容，其文本仍包含在串接中。剪切和删除串接文本框架的区别在于：剪切的框架将使用文本的副本，不会从原文章中移去任何文本。在依次剪切和粘贴一系列串接文本框架时，粘贴的框架将保持彼此之间的连接，但将失去与原文章中任何其他框架的链接，当删除串接中的文本框架时，文本将成为溢出文本，或排列到连续的下一框架中。

从串接中剪切框架就是使用文本的副本，将其粘贴到其他位置。使用【选择工具】选择一个或多个框架（按住 Shift 键并单击可选择多个对象），在菜单栏中选择【编辑】|【剪切】命令，选中的框架将消失，其中包含的所有文本都排列到该文章内的下一个框架中。剪切文章的最后一个框架时，其中的文本存储为上一个框架的溢流文本。

从串接中删除框架就是将所选框架从页面中去掉，而文本将排列到连续的下一框架中。如果文本框架未链接到其他任何框架，则将框架和文本一起删除。使用【选择工具】选择所需删除的框架，按键盘上的 Delete 键即可。

2.2.4 文字的设置

在 InDesign CC 2018 中，包含很多文字的编辑功能。用户可以根据需要对字体进行相应的设置，本节将对其进行简单的介绍。

1. 修改文字大小

在 InDesign 中编辑文字时，难免会对文字的大小进行更改，合理有效地调整字体大小，能使整篇设计的文字构架更具可读性。下面将介绍如何对文字的大小进行修改，其具体操作步骤如下。

01 在菜单栏中选择【文件】|【打开】命令，在弹出的对话框中打开"素材 \Cha02\ 素材 \ 素材 006.indd"素材文件，如图 2-92 所示。

图2-92　打开素材文件

02 在工具箱中单击【选择工具】按钮 ▶，在文档窗口中选择要调整大小的文字，如图 2-93 所示。

图2-93　选择文字

03 在菜单栏中选择【文字】|【字符】命令，在弹出的【字符】面板中将【字体大小】设置为 12 点，如图 2-94 所示。

图2-94　【字符】面板

04 按 Enter 键确认，完成后的效果如图 2-95 所示。

图2-95　设置完成后的效果

2. 基线偏移

在 InDesign CC 2018 中，【基线偏移】是允许将突出显示的文本移动到其他基线的上面或下面的一种偏移方式，下面将简单介绍其具体操作步骤。

01 打开"素材\Cha02\素材\素材006.indd"素材文件,在文档窗口中选择要进行设置的文字,在菜单栏中选择【文字】|【字符】命令,如图2-96所示。

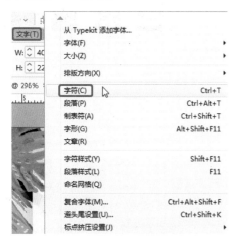

图2-96 选择【字符】命令

02 在弹出的【字符】面板中将【基线偏移】设置为10点,如图2-97所示。

图2-97 设置【基线偏移】

03 按Enter键确认,完成后的效果如图2-98所示。

图2-98 设置完成后的效果

3. 倾斜

在InDesign CC 2018中,用户可以对文字进行倾斜,以便达到简单美化的效果,下面将简单介绍其具体操作步骤。

01 在菜单栏中选择【文件】|【打开】命令,在弹出的对话框中打开"素材\Cha02\素材\素材006.indd"素材文件,如图2-99所示。

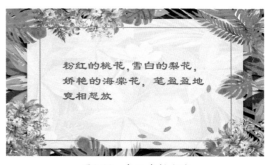

图2-99 打开素材文件

02 在工具箱中单击【选择工具】按钮▶,在文档窗口中选择如图2-100所示的文字。

图2-100 选择文字

03 按Ctrl+T组合键,打开【字符】面板,在该面板中将【倾斜】设置为40°,并按Enter键确认,完成后的效果如图2-101所示。

图2-101　设置完成后的效果

2.3 上机练习——制作售后服务保障卡

随着互联网的快速发展，网上购物已逐渐成为一种普遍的购物形式。随之而来的就是各式各样的售后服务保障卡，它们与产品一起寄送到消费者手中，通过该卡可以方便买家退换货物。本实例讲解售后服务保障卡的制作方法，效果如图2-102所示。

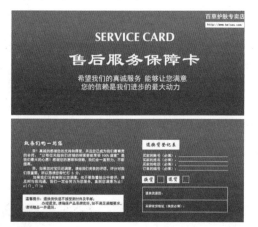

图2-102　售后服务保障卡

素材	素材\Cha02\售后保障卡素材.indd
场景	场景\Cha02\上机练习——制作售后服务保障卡.indd
视频	视频教学\Cha02\2.3　上机练习——制作售后服务保障卡.mp4

01 按Ctrl+O组合键，弹出【打开文件】对话框，选择"素材\Cha02\售后保障卡素材.indd"素材文件，单击【打开】按钮，如图2-103所示。

02 打开素材文件后的效果如图2-104所示。

图2-103　选择素材文件

图2-104　打开素材文件

03 使用【文字工具】 T ，拖动鼠标绘制文本框并输入文本，将【字体】设置为方正康体简体，【字体大小】设置为30点，【填色】设置为白色，如图2-105所示。

图2-105　设置文本参数

04 使用【文字工具】拖动鼠标绘制文本框并输入文本,将【字体】设置为汉仪大隶书简,【字体大小】设置为48点,【填色】设置为白色,如图2-106所示。

图2-106 设置文本参数

💬 提示

在InDesign中创建文字的方法比较特殊,需要使用【文字工具】拖曳出一个文本框架,在文本框架中才可以创建文字,创建的文字都会在文本框架中显示。直接在页面中单击则不能创建文字。

05 使用【文字工具】拖动鼠标绘制文本框并输入文本,将【字体】设置为黑体,【字体大小】设置为18点,【填色】设置为白色,如图2-107所示。

图2-107 设置文本参数

06 使用【矩形工具】绘制矩形,在控制栏中将W、H设置为34毫米、5毫米,将【填色】设置为白色,【描边】设置为无,如图

2-108所示。

图2-108 设置矩形参数

07 使用【文字工具】拖动鼠标绘制文本框并输入文本,将【字体】设置为黑体,【字体大小】设置为14点,【填色】设置为白色,如图2-109所示。

图2-109 设置文本参数

08 使用【文字工具】拖动鼠标绘制文本框并输入文本,将【字体】设置为黑体,【字体大小】设置为8点,【填色】的RGB值设置为105、42、26,如图2-110所示。

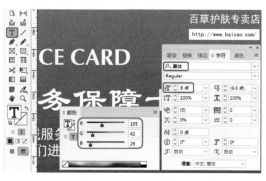

图2-110 设置文本参数

09 使用【文字工具】拖动鼠标绘制文本框并输入文本,将【字体】设置为方正康体简

体，【字体大小】设置为 14 点，【填色】设置为
白色，如图 2-111 所示。

图2-111　设置文本参数

10 使用【文字工具】拖动鼠标绘制文本
框并输入文本，将【字体】设置为黑体，【字体
大小】设置为 9 点，【填色】设置为白色，如
图 2-112 所示。

图2-112　设置文本参数

11 使用【矩形工具】绘制矩形，将 W、
H 设置为 90 毫米、15 毫米，将【填色】设置
为白色，【描边】设置为无，如图 2-113 所示。

图2-113　设置矩形参数

12 使用【文字工具】拖动鼠标绘制文本
框并输入文本，将【字体】设置为黑体，【字体

大小】设置为 9 点，【填色】的 RGB 值设置为
158、31、36，如图 2-114 所示。

图2-114　设置文本参数

13 使用【矩形工具】绘制矩形，将 W、
H 设置为 33 毫米、8.3 毫米，将【填色】设置
为白色，【描边】设置为无，如图 2-115 所示。

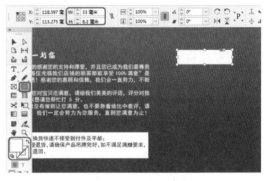

图2-115　设置矩形参数

14 使用【文字工具】拖动鼠标绘制文本
框并输入文本，将【字体】设置为方正行楷
简体，【字体大小】设置为 13 点，【填色】的
RGB 值设置为 158、31、36，如图 2-116 所示。

图2-116　设置文本参数

15 使用【文字工具】拖动鼠标绘制文本
框并输入文本，将【字体】设置为黑体，【字体
大小】设置为 9 点，【填色】设置为白色，如
图 2-117 所示。

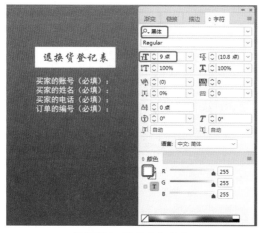

图2-117 设置文本参数

16 使用【直线工具】 ／ 绘制线段，在【描边】面板中，将【粗细】设置为1点，将【填色】设置为无，【描边】设置为白色，如图2-118所示。

图2-118 设置线段参数

17 使用【矩形工具】绘制两个矩形，将W、H设置为11毫米、6毫米，【填色】设置为白色，【描边】设置为无，如图2-119所示。

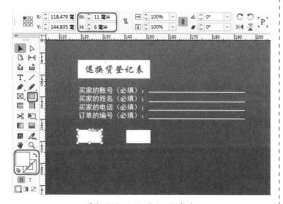

图2-119 设置矩形参数

18 使用【文字工具】拖动鼠标绘制文本框并输入文本，将【字体】设置为方正行楷简体，【字体大小】设置为13点，【填色】的RGB值设置为158、31、36，如图2-120所示。

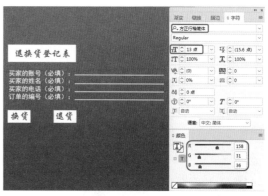

图2-120 设置文本参数

19 使用【矩形工具】绘制两个矩形，将W、H设置为6毫米，将【粗细】设置为1点，【填色】设置为无，【描边】设置为白色，如图2-121所示。

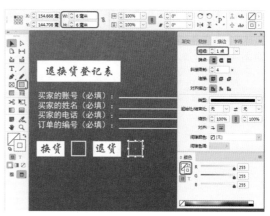

图2-121 设置矩形参数

疑难解答 如何为InDesign添加其他的字体？

在实际工作中，为了达到特殊效果，经常需要使用各种各样的字体，这时就需要用户自己安装额外的字体。InDesign中所使用的字体其实是调用操作系统中的系统字体，所以用户只需要把字体文件安装在操作系统的字体文件夹下即可。目前比较常用的字体安装方法基本有以下几种。

（1）光盘安装。

将字体光盘放入光驱中，会自动运行安装字体程序。选中所需的字体，按照提示安装到指定目录下即可。

（2）自动安装。

如果字体文件是EXE格式的可执行文件，这种字库文件安装比较简单，只要双击运行并按照提示进行操作即可。

（3）手动安装。

当遇到没有自动安装程序的字体文件时，需要选择【开始】|【控制面板】命令，打开控制面板，然后双击【字体】项目，将外部的字体复制到打开的【字体】文件夹中。

安装软件后，重新启动InDesign，就可以在控制栏中的字体系列中查找到安装的字体。不同的字体会出现不同的效果。

20 使用【矩形工具】绘制两个矩形，将W、H设置为76毫米、22毫米，【粗细】设置为1点，【填色】设置为无，【描边】设置为白色，如图2-122所示。

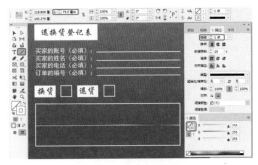

图2-123　设置线段参数

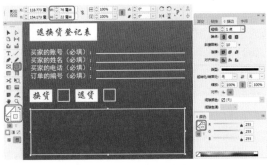

图2-122　设置矩形参数

21 使用【直线工具】绘制线段，在控制栏中将【L】设置为75.5毫米，【粗细】设置为1点，【填色】设置为无，【描边】设置为白色，如图2-123所示。

22 使用【文字工具】拖动鼠标绘制文本框并输入文本，将【字体】设置为黑体，【字体大小】设置为8点，将【填色】设置为白色，如图2-124所示。

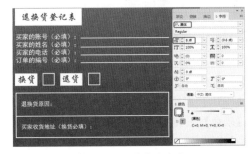

图2-124　设置文本参数

2.4　思考与练习

1. 添加文本的方法有哪些？

2. 对文本的编辑包括哪些？

第 **3** 章　宣传页设计——设置段落文本和样式

本章将对段落文本的创建和样式进行举例讲解，每一小节会对其进行系统的讲解。包括文本段落的美化以及样式的设置等。

基础知识
- 设置首字下沉
- 增加段落间距

重点知识
- 段落基础
- 美化文本段落

提高知识
- 添加项目符号和编号
- 设置样式

本章简单讲解如何设置段落文本和样式，其中重点学习汽车宣传单页、酒店宣传页以及房地产宣传单的制作。

→3.1 制作汽车宣传单——段落文本的基础操作

汽车宣传单也称为汽车营销广告，是广告主为提升汽车企业形象，促进汽车产品和服务的销售而支付一定的费用，有计划地通过一定的媒介形式，直接或间接地宣传汽车的产品和服务，并说服消费者购买的信息传播活动。本节将介绍如何制作汽车宣传单，效果如图3-1所示。

图3-1 汽车宣传单

素材	素材\Cha03\按钮1.png~按钮6.png、按钮组合.png、车1.png~车4.png、地面.png、楼.png
场景	场景\Cha03\制作汽车宣传单——段落文本的基础操作.indd
视频	视频教学\Cha03\3.1 制作汽车宣传单——段落文本的基础操作.mp4

01 启动 Photoshop CC 2018 软件，按 Ctrl+N 组合键，打开【新建文档】对话框，在该对话框中将【名称】设置为【按钮组合】，将【宽度】设置为 2810，将【高度】设置为 1050，将【分辨率】设置为 72，将【背景内容】设置为【透明】，如图 3-2 所示。

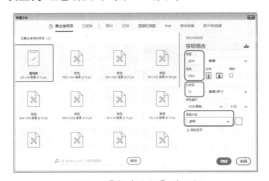

图3-2 【新建文档】对话框

02 设置完成后单击【创建】按钮，在工具箱中选择【圆角矩形工具】□.，在工具控制栏中将【工具模式】设置为路径。在页面中绘制一个圆角矩形，在【属性】面板中将 W、H 分别设置为 304 像素、253 像素，将角半径值链接到一起，然后将【左上角半径】设置为 35 像素，如图 3-3 所示。

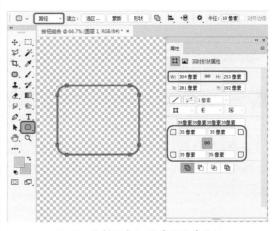

图3-3 绘制圆角矩形并设置其属性

03 按 Ctrl+Enter 组合键，将绘制的圆角矩形转换为选区，在工具箱中选择【渐变工具】■.，在控制栏中单击【点击可编辑渐变】选项，打开【渐变编辑器】对话框，在【渐变类型】选项组的渐变条下方单击鼠标，添加一个色标，在【色标】选项组中将【位置】设置为 50%，如图 3-4 所示。

图3-4 添加色标并设置其位置

04 双击左侧的色标，在弹出的【拾色器（色标颜色）】对话框中将 RGB 值设置为 246、224、41，将【位置】为 50% 的色标的 RGB 值

设置为 232、123、20，将右侧的色标的 RGB
值设置为 244、218、36，如图 3-5 所示。

图3-5　设置色标的RGB值

05 设置完成后单击【确定】按钮，按 F7
键打开【图层】面板，在该面板中单击【创
建新图层】按钮 ，新建一个图层，如图 3-6
所示。

图3-6　创建新图层

06 选择新建的图层，在工具控制栏中单
击【线性渐变】按钮 ，按 Shift 键的同时在
选区中由上向下进行拖曳，填充渐变颜色，如
图 3-7 所示。

疑难解答　如何为选区填充颜色？

　　创建选区后，可在工具箱中设置前景色或背景色。设置完
成后，按Alt+Delete组合键可以填充前景色，按Ctrl+Delete组合
键可以填充背景色。

07 填充完成后，按 Ctrl+D 组合键，在
【图层】面板中新建一个图层。在工具箱中选择

【椭圆选框工具】 ，在场景中绘制一个椭圆
选区，并为选区填充白色，按 Ctrl+D 组合键取
消选区，然后将【不透明度】设置为 50%，如
图 3-8 所示。

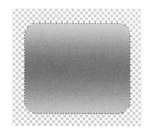

图3-7　填充渐变

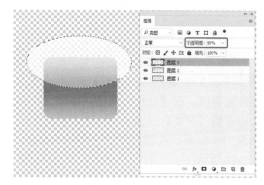

图3-8　填充颜色并设置其不透明度

08 选择【图层 3】图层，按 Ctrl 键的同时
单击【图层 2】图层缩览图，然后按 Ctrl+Shift+I
组合键反选选区，按 Delete 键删除选区内的内
容，如图 3-9 所示。

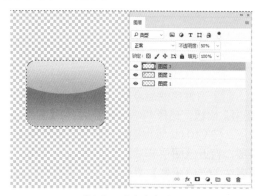

图3-9　删除多余图形

09 按 Ctrl+D 组合键取消选区，在工具箱
中选择【横排文字工具】 ，在场景中单击并
输入 FR。在菜单栏中选择【窗口】|【字符】
命令，打开【字符】面板，在该面板中将【字
体】设置为方正综艺简体，将【大小】设置为

120点，将【字距】设置为200，将【颜色】设置为白色，如图3-10所示。

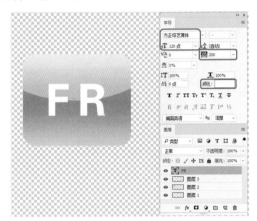

图3-10　设置文字属性

10 在【图层】面板中双击文字图层，打开【图层样式】对话框，在【样式】列表中勾选【投影】复选框，在【投影】选项组中将【结构】区域中的【角度】设置为130度，将【大小】设置为0像素，其他参数均为默认设置，如图3-11所示。

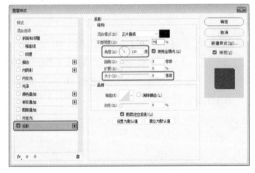

图3-11　设置【投影】参数

11 设置完成后单击【确定】按钮，打开【图层】面板，选择FR、【图层3】和【图层2】图层，按Ctrl+E组合键合并图层。然后双击该图层，打开【图层样式】对话框，在【样式】列表中勾选【投影】复选框，在【投影】选项组中将【阴影颜色】的RGB值设置为178、89、38，将【不透明度】设置为100%，将【角度】设置为147度，将【距离】设置为4像素，将【大小】设置为0像素，如图3-12所示。

12 设置完成后单击【确定】按钮，完成后的效果如图3-13所示。

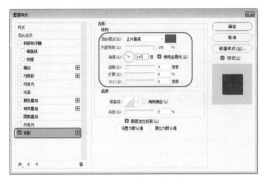

图3-12　设置【投影】参数

图3-13　完成后的效果

13 使用同样的方法，制作其他的按钮，完成后的效果如图3-14所示。

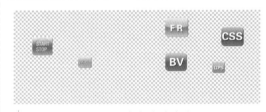

图3-14　完成后的效果

14 按Ctrl+N组合键，在弹出的【新建文档】对话框中将其重命名为【按钮1】，文档的大小可根据按钮的大小来定义，如图3-15所示。

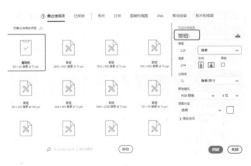

图3-15　【新建文档】对话框

15 设置完成后，单击【创建】按钮，使用【移动工具】 ，在【按钮组合】文档中选择一个按钮，将其拖曳至新建的【按钮1】文档中，如图3-16所示。

图3-16 添加文件

16 按Ctrl+S组合键，在弹出的对话框中为其指定一个保存的路径，将【保存类型】设置为PNG（*.PNG;*.PNG），如图3-17所示。

图3-17 【另存为】对话框

17 设置完成后单击【保存】按钮，在弹出的【PNG格式选项】对话框中单击【确定】按钮即可，如图3-18所示。

图3-18 【PNG格式选项】对话框

18 使用同样的方法，保存其他的按钮，然后在【按钮组合】文档中复制不同的按钮，并调整其大小、位置，完成后的效果如图3-19所示。

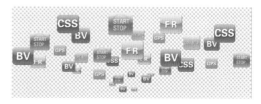

图3-19 完成后的效果

19 按Ctrl+S组合键，在弹出的对话框中为其指定一个保存路径，将【保存类型】设置为PNG（*.PNG;*.PNG），如图3-20所示。在弹出的对话框中单击【确定】按钮即可。

图3-20 【另存为】对话框

20 启动InDesign CC 2018软件，按Ctrl+N组合键，在弹出的对话框中将【宽度】设置为291毫米，将【高度】设置为216毫米，如图3-21所示。

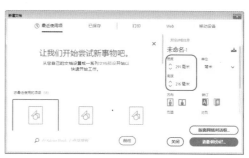

图3-21 【新建文档】对话框

21 设置完成后，单击【边距和分栏】按钮，打开【新建边距和分栏】对话框，将【边距】选项组中的【上】、【下】、【内】、【外】均设置为 0 毫米，如图 3-22 所示。

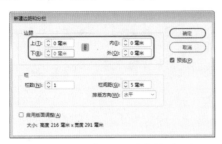

图 3-22　【新建边距和分栏】对话框

22 设置完成后，单击【确定】按钮，即可创建一个空白的文档。在工具箱中单击【矩形工具】按钮　，在文档中绘制一个矩形，并在控制栏中将 W、H 分别设置为 291 毫米、216 毫米，如图 3-23 所示。

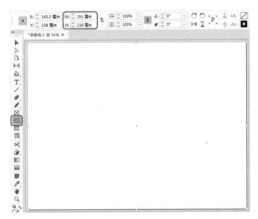

图 3-23　绘制矩形

23 在【颜色】面板中单击【填充】色块，打开【渐变】面板，将【类型】设置为线性，在渐变条的下方单击添加一个色标，并将其【位置】设置为 33%，适当调整上方两个色标的位置，如图 3-24 所示。

图 3-24　【渐变】面板

24 调整完成后，将左侧色标的 CMYK 值设置为 96、81、28、0，将中间色标的 CMYK 值设置为 72、23、28、0，将右侧色标的 CMYK 值设置为 0、0、0、0，并将【角度】设置为 -90°，如图 3-25 所示。

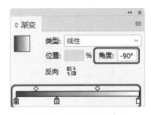

图 3-25　设置渐变颜色

25 设置完成后即可为绘制的矩形填充渐变颜色，在【颜色】面板中将【描边】设置为无，效果如图 3-26 所示。

图 3-26　完成后的效果

26 按 Ctrl+D 组合键，在弹出的对话框中选择"素材 \Cha03\ 楼 .png"素材文件，如图 3-27 所示。

图 3-27　【置入】对话框

27 单击【打开】按钮，在文档的空白位置单击鼠标，选择导入的素材，在控制栏中将 W、H 均设置为 190 毫米，如图 3-28 所示。

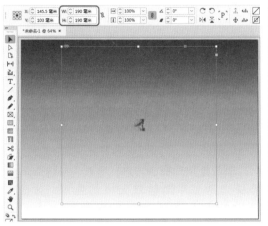

图3-28 设置对象大小

28 选择导入的素材，单击鼠标右键，在弹出的快捷菜单中选择【适合】|【使内容适合框架】命令，如图 3-29 所示。

图3-29 选择【使内容适合框架】命令

29 使用【选择工具】 选中导入的素材，在文档窗口中调整素材文件的位置，如图 3-30 所示。

30 使用同样的方法导入"地面 .png"素材文件，并在文档窗口中调整其大小与位置，如图 3-31 所示。

31 选择导入的【地面】素材文件，按 Ctrl+[组合键，将该素材后移一层，完成后的效果如图 3-32 所示。

图3-30 调整素材位置

图3-31 设置素材大小

图3-32 调整素材顺序

32 使用同样的方法，导入"车 1.png"素材文件，在文档窗口中调整素材文件的大小与位置，如图 3-33 所示。

33 再次导入"车 2.png"素材文件，在文档窗口中调整素材文件的大小与位置。按 Ctrl+[组合键，将该素材后移一层，如图 3-34 所示。

图3-33　导入素材并调整大小及位置

图3-34　添加【车2.png】素材文件

34 使用同样的方法，导入其他素材文件，并调整其大小及位置，如图3-35所示。

图3-35　添加其他素材文件后的效果

35 在工具箱中选择【矩形工具】█，在文档中绘制一个W、H为291毫米、14.5毫米的矩形，并将其填充颜色设置为白色，在【效果】面板中将【不透明度】设置为75%，如图3-36所示。

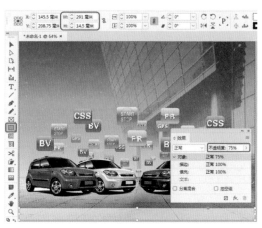

图3-36　绘制矩形

36 使用同样的方法，导入"按钮1.png"素材文件，并调整其大小与位置，效果如图3-37所示。

图3-37　导入素材并设置其大小

37 在工具箱中选择【文字工具】█，在【按钮1】素材文件的右侧绘制一个文本框，输入【一键启动】文本，在【字符】面板中将【字体】设置为"汉仪中黑简"，将【大小】设置为12点，如图3-38所示。

图3-38　输入文本并设置后的效果

38 选中输入的文本，按 Alt+Ctrl+T 组合键打开【段落】面板，单击 ≡ 按钮，在弹出的列表中选择【项目符号和编号】命令，如图 3-39 所示。

图3-39 选择【项目符号和编号】命令

39 在弹出的对话框中将【列表类型】设置为项目符号，在【项目符号字符】列表框中选择项目符号，将【制表符位置】设置为 5 毫米，如图 3-40 所示。

> **疑难解答** 如果【项目符号字符】列表框中没有所需要的项目符号怎么办？
>
> 如果【项目符号字符】列表框中没有所需要的项目符号，可以在【项目符号和编号】对话框中单击【添加】按钮，在弹出的对话框中查找所需要的项目符号，然后单击【确定】按钮，即可将所需的项目符号添加至列表框中。

图3-40 选择项目符号并设置参数

40 单击【确定】按钮，即可添加项目符号，效果如图 3-41 所示。

图3-41 添加项目符号后的效果

41 使用同样的方法，导入素材并输入文字，完成后的效果如图 3-42 所示。

图3-42 导入其他素材文件并输入文字后的效果

42 在工具箱中选择【文字工具】 T，使用同样的方法，在文档中拖曳出文本框并输入 COOLBEAR，在【字符】面板中将【字体】设置为方正综艺简体，将【大小】设置为 58 点，其他参数为默认值，如图 3-43 所示。

图3-43 输入文字并设置后的效果

43 选择输入的文本，打开【渐变】面板，将左侧色标的 CMYK 值设置为 0、0、0、0；

在50%位置处添加一个色标，将其CMYK值设置为25、17、18、0；将右侧色标的CMYK值设置为0、0、0、0，如图3-44所示。

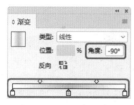

图3-44　设置渐变颜色

44 使用同样的方法输入其他文字，并设置文字的大小，调整文字的位置，完成后的效果如图3-45所示。

图3-45　输入其他文字后的效果

45 在工具箱中选择【矩形工具】 ，在文档中绘制一个矩形，在【变换】面板中将W、H分别设置为291毫米、216毫米，并为其填充白色，如图3-46所示。

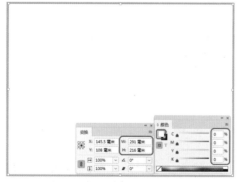

图3-46　绘制矩形并填充颜色

46 选择绘制的矩形，打开【效果】面板，在【基本混合】选项组中将【模式】设置为【叠加】，将【不透明度】设置为75%，如图3-47

所示。

图3-47　设置混合模式与不透明度

47 在【图层】面板中选择设置不透明度后的矩形，按住鼠标将其拖曳至"楼.png"素材文件的上方即可，如图3-48所示。

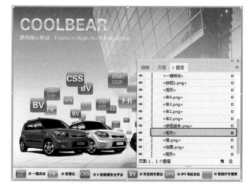

图3-48　调整排放顺序

48 打开【链接】面板，选择该面板中全部的对象，单击鼠标右键，在弹出的快捷菜单中选择【嵌入链接】命令，如图3-49所示。

图3-49　选择【嵌入链接】命令

49 在菜单栏中选择【文件】|【导出】命令，如图3-50所示。

图3-50 选择【导出】命令

50 在弹出的对话框中为其指定一个正确的存储路径，将其重命名为"制作汽车宣传单—段落文本的基础操作"，将【保存类型】设置为 JPEG（*.jpg），如图 3-51 所示。

图3-51 【导出】对话框

51 单击【保存】按钮，即可将其导出。在弹出的【导出 JPEG】对话框中保持默认设置，单击【导出】按钮即可，如图 3-52 所示。

图3-52 【导出JPEG】对话框

3.1.1 段落基础

设置段落属性的前提就是段落基础。在单个段落中只能应用相同的段落格式，而不能在一个段落中指定一行为左对齐，其余的行为左缩进。段落中的所有行都必须共享相同的对齐方式、缩进和制表行设置等段落格式。

在菜单栏中选择【窗口】|【文字和表】|【段落】命令，打开【段落】面板，如图 3-53 所示，单击【段落】面板右上角的≡按钮，在弹出的下拉菜单中可以选择相应的命令，如图 3-54 所示。

图3-53 【段落】面板

图3-54 下拉菜单

在工具箱中单击【文字工具】按钮 T ，然后单击控制栏中的【段落格式控制】按钮 段 ，可以将控制栏切换到段落格式控制选项，在控制栏中也可以对段落格式选项进行设置，如图 3-55 所示。

图3-55　控制栏

1. 行距

行与行之间的距离简称行距，在 InDesign CC 2018 中可以使用【字符】面板或控制栏对其进行设置。

如果想使设置的行距对整个段落起作用，可以在菜单栏中选择【编辑】|【首选项】|【文字】命令，如图 3-56 所示。弹出【首选项】对话框，在左侧列表中选择【文字】选项，在右侧的【文字选项】选项组中勾选【对整个段落应用行距】复选框，如图 3-57 所示。设置完成后单击【确定】按钮，即可使设置的行距对整个段落起作用。

2. 对齐

将控制栏切换到段落格式控制选项或是在【段落】面板顶部，使用对齐按钮，可以控制一个段落的对齐方式。

打开"素材 \Cha03\001.indd"文档，在工具箱中单击【文字工具】按钮 **T**，在需要设置的文本段落中单击或拖动鼠标，选择多个需要设置的文本段落，如图 3-58 所示。

图3-57　勾选【对整个段落应用行距】复选框

图3-58　选择多个文本段落

图3-56　选择【文字】命令

- 【左对齐】按钮 ≡：单击该按钮，可以使文本向左页面边框对齐。在左对齐段落中，右页边框是不整齐的，因为每行右端剩余空间都是不一样的，所以产生右边框参差不齐的边缘，效果如图 3-59 所示。

图3-59　左对齐效果

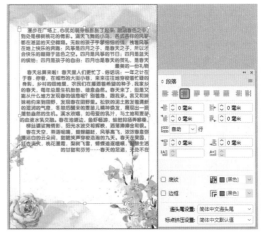

图3-61　右对齐效果

- 【居中对齐】按钮：单击该按钮，可
  以使文本居中对齐，每行剩余的空间
  被分成两半，分别置于行的两端。在
  居中对齐的段落中，段落的左边缘和
  右边缘都不整齐，但文本相对于垂直
  轴是平衡的，效果如图 3-60 所示。

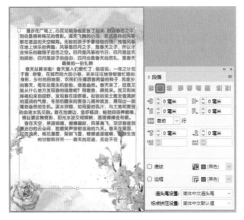

图3-60　居中对齐效果

- 【右对齐】按钮：单击该按钮，可
  以使文本向右页面边框对齐。在右对
  齐段落中，左页边框是不整齐的，因
  为每行左端剩余空间都是不一样的，
  所以产生左边框参差不齐的边缘，效
  果如图 3-61 所示。

- 【双齐末行齐左】按钮：在双齐文
  本中，每一行的左右两端都充满页边
  框。单击该按钮，可以使段落中的文
  本两端对齐，最后一行左对齐，效果
  如图 3-62 所示。

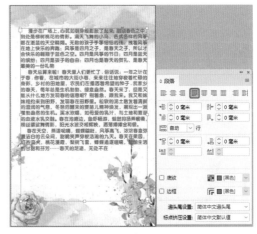

图3-62　双齐末行齐左效果

- 【双齐末行居中】按钮：单击该按钮，
  可以使段落中的文本两端对齐，最后
  一行居中对齐，效果如图 3-63 所示。

图3-63　双齐末行居中效果

- 【双齐末行齐右】按钮≡:单击该按钮,可以使段落中的文本两端对齐,最后一行居右对齐,效果如图 3-64 所示。

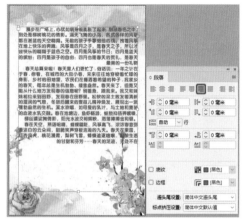

图3-64　双齐末行齐右效果

- 【全部强制双齐】按钮≡:单击该按钮,可以使段落中的文本强制所有行两端对齐,效果如图 3-65 所示。

图3-65　全部强制双齐效果

- 【朝向书脊对齐】按钮≡:该按钮与【左对齐】或【右对齐】按钮功能相似,InDesign 将根据书脊在对页文档中的位置选择左对齐或右对齐。本质上,该对齐按钮会自动在左边页面上创建右对齐文本,在右边页面上创建左对齐文本。该素材文档的页面为右边页面,因此效果如图 3-66 所示。

- 【背向书脊对齐】按钮≡:单击该按钮与单击【朝向书脊对齐】按钮≡作

用相同,但对齐的方向相反。在左边页面上的文本左对齐,在右边页面上的文本右对齐。该素材文档的页面为右边页面,因此效果如图 3-67 所示。

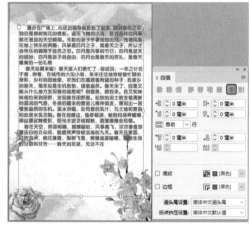

图3-66　朝向书脊对齐效果

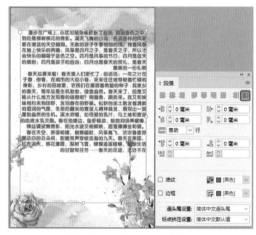

图3-67　背向书脊对齐效果

3. 缩进

【段落】面板的缩进选项可以设置段落的缩进。

- 【左缩进】:在该文本框中输入数值,可以设置选择的段落左边缘与左边框之间的距离。如果在【段落】面板的【左缩进】文本框中输入 30 毫米,如图 3-68 所示,则选择的段落文本效果如图 3-69 所示。

- 【右缩进】:在该文本框中输入数值,可以设置选择的段落右边缘与右边框之间的距离。如果在【段落】面板的【右缩进】文本框中输入 30 毫米，则选择的段落文本效果如图 3-70 所示。

图3-68　输入【左缩进】数值

图3-69　左缩进效果

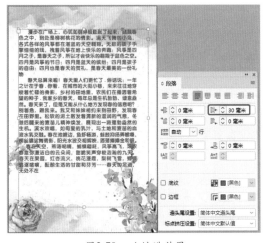

图3-70　右缩进效果

- 【首行左缩进】：在该文本框中输入数值，可以设置选择的段落首行左边缘与左边框之间的距离。如果在【段落】面板的【首行左缩进】文本框中输入 30 毫米，如图 3-71 所示，则选择的段落文本效果如图 3-72 所示。

图3-71　输入【首行左缩进】数值

图10-72　首行左缩进效果

- 【末行右缩进】：在该文本框中输入数值，可以设置选择的段落末行右边缘与右边框之间的距离。如果在【段落】面板的【末行右缩进】文本框中输入 100 毫米，则选择的段落文本效果如图 3-73 所示。

提　示

在控制栏也可以对段落进行缩进设置。

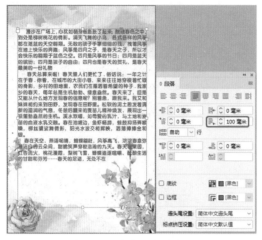

图10-73　末行右缩进效果

3.1.2　增加段落间距

在 InDesign CC 2018 中，可以在选定的段落的前面或是后面插入间距。

如果需要在选定的段落的前面插入间距，可以在【段落】面板或控制栏的【段前间距】文本框中输入一个数值。例如输入 10 毫米，如图 3-74 所示，即可看到设置段前间距后的效果，如图 3-75 所示。

图3-74　输入【段前间距】数值

如果需要在选定的段落的后面插入间距，可以在【段落】面板或控制栏中的【段后间距】文本框中输入一个数值。例如输入 10 毫米，即可看到设置段后间距后的效果，如图 3-76 所示。

图3-75　设置段前间距后的效果

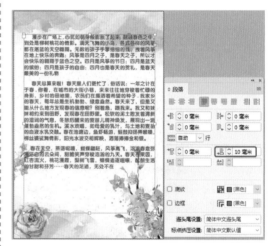

图3-76　设置段后间距后的效果

3.1.3　设置首字下沉

在装饰文章的第一章时，通常会使用首字下沉来，以避免文本的平淡、乏味，使段落更具吸引力。在【段落】面板或控制栏中可以设置首字下沉的数量及行数。

在工具箱中单击【文字工具】按钮，在需要设置首字下沉的段落中的任意位置单击，如图 3-77 所示。

在【段落】面板或控制栏中的【首字下沉行数】文本框中输入数值，例如输入 5，如图 3-78 所示。设置首字下沉后的效果如图 3-79 所示。

图3-77　在段落中单击

图3-78　在【首字下沉行数】文本框中输入数值

图3-79　首字下沉效果

也可以在【首字下沉一个或多个字符】文本框中输入要设置首字下沉的字符个数。例如输入 5，如图 3-80 所示，即可下沉 5 个字符，效果如图 3-81 所示。

图3-80　输入下沉的字符个数

图3-81　下沉5个字符的效果

3.1.4　添加项目符号和编号

在 InDesign CC 2018 中，可以使用项目符号和编号作为一个段落级格式。

单击【段落】面板右上角的 按钮，在弹出的下拉菜单中选择【项目符号和编号】命令，如图 3-82 所示。弹出【项目符号和编号】对话框，在【列表类型】下拉列表中选择需要设置的列表类型，如图 3-83 所示。

钮，如图 3-85 所示。

图3-82　选择【项目符号和编号】命令

图3-83　【项目符号和编号】对话框

图3-84　选择需要添加项目符号的段落

图3-85　单击【添加】按钮

1. 项目符号

在【项目符号和编号】对话框中的【列表类型】下拉列表中选择【项目符号】选项，即可对项目符号的相关选项进行设置。为段落文本添加项目符号的具体的操作步骤如下。

01 打开"素材 \Cha03\002.indd"文档。在工具箱中单击【文字工具】按钮 T，选择需要添加项目符号的段落，如图 3-84 所示。

02 打开【项目符号和编号】对话框，在【列表类型】下拉列表中选择【项目符号】选项，可以在【项目符号字符】列表框中选择一种项目符号，也可以单击其右侧的【添加】按

03 弹出【添加项目符号】对话框，在该对话框的列表框中选择一种项目符号，然后单击【确定】按钮，如图 3-86 所示。

04 返回到【项目符号和编号】对话框，然后再次在【项目符号字符】列表框中选择刚才添加的项目符号。在【项目符号或编号位置】选项组中的【首行缩进】文本框中输入 8 毫米，在【制表符位置】文本框中输入 14 毫米，如图 3-87 所示。

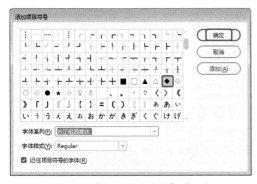

图3-86 【添加项目符号】对话框

图3-87 选择并设置项目符号

05 单击【确定】按钮，即可为选择的段落添加项目符号，效果如图 3-88 所示。

图3-88 添加项目符号后的效果

2. 编号

在【项目符号和编号】对话框中的【列表类型】下拉列表中选择【编号】选项，即可对

编号的相关选项进行设置。为段落文本添加编号的具体的操作步骤如下。

01 打开"素材\Cha03\003.indd"素材文档。单击工具箱中的【选择工具】按钮，在文档中选择文本框，如图 3-89 所示。

图3-89 选择文本框

02 打开【项目符号和编号】对话框，在【列表类型】下拉列表中选择【编号】选项，在【编号样式】选项组的【格式】下拉列表中选择一种编号样式，在【项目符号或编号位置】选项组的【首行缩进】文本框中输入 9 毫米，在【制表符位置】文本框中输入 16 毫米，如图 3-90 所示。

图3-90 设置编号

03 单击【确定】按钮，即可为选择的文本框中的所有段落添加编号，效果如图3-91所示。

图3-91　添加编号后的效果

➡3.2　制作酒店宣传页——段落文本的设置

一般来说，酒店是给宾客提供住宿和饮食的场所。具体地说，酒店是以它的建筑物为凭证，通过出售客房、餐饮及综合服务设施向客人提供服务，从而获得经济收益的组织。酒店主要为游客提供住宿服务、生活服务及设施（寝前服务），有餐饮、游戏、娱乐、购物、商务、宴会及会议等设施。酒店宣传页效果如图3-92所示。

图3-92　酒店宣传页效果

素材	素材\Cha03\ 001.jpg~004.jpg
场景	场景\Cha03\制作酒店宣传页——段落文本的设置.indd
视频	视频教学\Cha03\3.2　制作酒店宣传页——段落文本的设置.mp4

01 运行 InDesign CC 2018 软件，在菜单栏中选择【文件】|【新建】|【文档】命令，在弹出的【新建文档】对话框中，将【宽度】、【高度】设置为 420 毫米、297 毫米，将【页面方向】设置为横向，如图3-93所示。

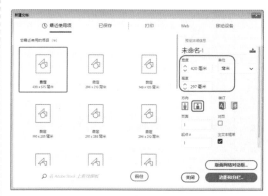

图3-93　【新建文档】对话框

02 单击【边距和分栏】按钮，在弹出的【新建边距和分栏】对话框中，将【上】、【下】、【内】、【外】均设置为 0 毫米，单击【确定】按钮，如图 3-94 所示。

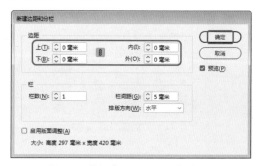

图3-94　【新建边距和分栏】对话框

03 设置完成后，单击【确定】按钮。在工具箱中选择【矩形工具】，在文档窗口空白处单击，在弹出的【矩形】对话框中，将【宽度】和【高度】分别设置为 420 毫米和 297 毫米，如图 3-95 所示。

04 单击【确定】按钮，在工具箱中选择【选择工具】，选择绘制的矩形，在控制栏中将 X、Y 值设置为 0 毫米，如图 3-96 所示。

图3-95 【矩形】对话框

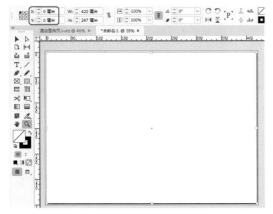

图3-96 调整矩形位置

05 继续选择该矩形，按 F6 键，打开【颜色】面板，将【填充颜色】的 CMYK 值设置为 39、98、100、4，【描边颜色】设置为无，如图 3-97 所示。

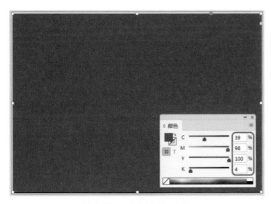

图3-97 【颜色】面板

06 为了后面的操作更加方便，选择该矩形，单击鼠标右键，在弹出的快捷菜单中选择【锁定】命令，如图 3-98 所示。

07 在工具箱的【矩形工具】按钮 处单击鼠标右键，在下拉列表中选择【椭圆工具】 ，按住 Shift 键拖动鼠标，在场景中绘制一个圆形，如图 3-99 所示。

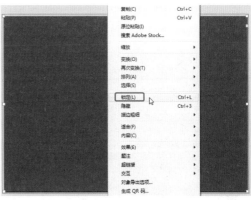

图3-98 【锁定】命令

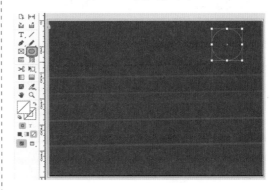

图3-99 绘制圆形

08 在工具箱中选择【选择工具】 ，选择绘制的圆形，按 Ctrl+D 组合键打开【置入】对话框，选择"素材\Cha03\001.jpg"素材文件，单击【打开】按钮，如图 3-100 所示。

图3-100 选择素材文件

09 在工具箱中选择【直接选择工具】 ，选择置入的图片，按住 Shift 键对图片进行等比缩放，调整至合适的大小和位置，如图3-101所示。

图3-101　调整图片大小和位置

10 在工具箱中选择【选择工具】，在文档窗口空白处单击。选择绘制的圆形，按F10键，打开【描边】面板，将【粗细】设置为10点，将【类型】设置为【粗-细】，如图3-102所示。

图3-102　【描边】面板

11 按F5键，打开【色板】面板，将【描边颜色】设置为纸色，如图3-103所示。

图3-103　【色板】面板

12 在工具箱中选择【椭圆工具】 ，在场景中按住Shift键拖动鼠标，在文档窗口中绘制两个圆形，如图3-104所示。

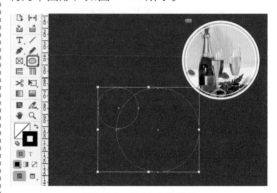

图3-104　绘制两个圆形

13 在工具箱中选择【选择工具】，选择绘制的两个圆形，然后在菜单栏中选择【窗口】|【对象和版面】|【路径查找器】命令，打开【路径查找器】面板，如图3-105所示。

图3-105　选择【路径查找器】命令

14 在【路径查找器】面板中，单击【相加】按钮 ，将两个圆形路径合并为一个路径，如图3-106所示。

15 确认路径处于选中状态，按Ctrl+D组合键，打开【置入】对话框，选择"素材\Cha03\002.jpg"素材文件，单击【打开】按钮，如图3-107所示。

16 选择置入的素材图片，按住Shift键对图片进行等比缩放，调整至合适的大小和位置，如图3-108所示。

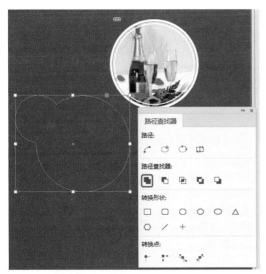

图3-106　【路径查找器】面板

图3-107　选择素材文件

图3-108　调整图片大小和位置

18 在工具箱中选择【选择工具】，在文档窗口空白处单击。然后选择路径，按 F10 键，

打开【描边】面板，将【粗细】设置为 10 点，将【类型】设置为【粗 - 细】，【描边颜色】设置为纸色，如图 3-109 所示。

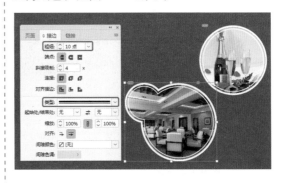

图3-109　设置描边

18 使用相同的方法，绘制一个路径并添加描边命令，效果如图 3-110 所示。

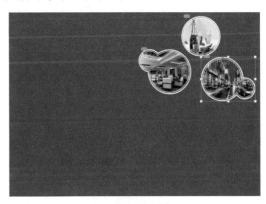

图3-110　路径效果

19 在工具箱中选择【椭圆工具】，在场景中按住 Shift 键拖动鼠标，绘制 4 个不同大小的圆形。使用【选择工具】选择绘制的圆形并调整位置和大小，调整完整后的如图 3-111 所示。

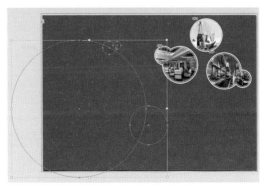

图3-111　绘制圆形

20 使用【选择工具】选择绘制 4 个圆形，在菜单栏中选择【窗口】|【对象和版面】|【路径查找器】命令，打开【路径查找器】面板，单击【相加】按钮，如图 3-112 所示。

图3-112 【路径查找器】面板

21 确认路径处于选中状态，按 F5 键打开【色板】面板，将【填充颜色】设置为纸色，【描边颜色】设置为无，如图 3-113 所示。

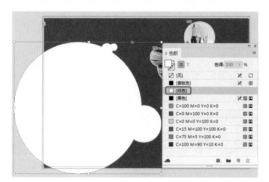

图3-113 设置填充颜色

22 继续选择该路径，在菜单栏中选择【对象】|【效果】|【内阴影】命令，如图 3-114 所示。

图3-114 【内阴影】命令

23 弹出【效果】对话框，勾选【预览】复选项，将【位置】选项组下的【距离】设置为 2 毫米，【角度】设置为 110°；将【选项】选项组下的【大小】设置为 3 毫米，如图 3-115 所示。

图3-115 设置【内阴影】

24 单击【确定】按钮。继续选择该路径，单击【鼠标】右键，在弹出的快捷菜单中选择【锁定】命令，效果如图 3-116 所示。

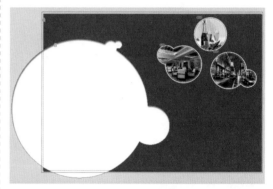

图3-116 路径效果

25 使用相同的制作方法，在场景中添加不同的图形，如图 3-117 所示。

图3-117 添加图形

26 在工具箱中选择【椭圆工具】，按住 Shift 键拖动鼠标，在文档窗口中绘制一个圆形，如图 3-118 所示。

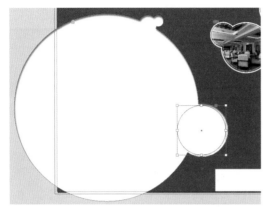

图3-118　路径效果

27 确认该圆形处于选中状态，按 Ctrl+D 组合键，打开【置入】对话框，选择"素材 \Cha03\003.jpg" 素材文件，如图 3-119 所示。

图3-119　选择素材文件

28 单击【打开】按钮。在工具箱中选择【直接选择工具】，选择置入的素材图片，按住 Shift 键对图片进行等比缩放，调整至合适的大小和位置，如图 3-120 所示。

29 按 W 键预览效果。在工具箱中选择【文字工具】，在文档窗口中按住鼠标进行拖动，绘制出一个文本框，输入文本；选中文字后，在控制栏中将【字体】设置为方正粗圆简体，将【文字大小】设置为 12 点，如图 3-121 所示。

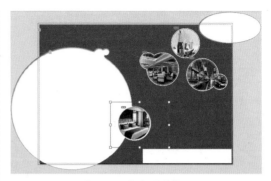

图3-120　调整图片大小

图3-121　设置文字

30 使用【文字工具】，选中【服务设施】文字，将【字体】设置为方正大黑简体，【字体大小】设置为 14 点。单击【下划线】按钮，为其添加下划线。按 Ctrl+T 组合键，打开【字符】面板，将【倾斜】 T 数值设置为 20°。按 F5 键，打开【色板】面板，选择【C=0 M=0 Y=100 K=0】，如图 3-122 所示。

图3-122　设置文字

31 使用相同的方法，制作其他文本效果，如图 3-123 所示。

图3-123　制作文本

32　使用相同的方法，制作文本，然后将【文字大小】设置为18点。设计师可以根据排版要求设置其他文字样式和颜色，如图3-124所示。

图3-124　制作文本

33　在工具箱中选择【矩形工具】，在文档窗口中按住鼠标进行拖动，绘制出一个矩形。在菜单栏中选择【窗口】|【对象和版面】|【路径查找器】命令，在【路径查找器】面板中单击▢按钮，将矩形转换形状，效果如图3-125所示。

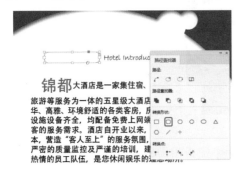

图3-125　绘制矩形

34　确认绘制的矩形处于选中状态，按F6键打开【颜色】面板，将【填充颜色】的CMYK值设置为38、98、100、4，【描边颜色】设置为无，如图3-126所示。

图3-126　设置填充颜色

35　确认绘制的矩形处于选中状态，在工具箱中选择【文字工具】，在矩形内单击，然后输入文字【酒店简介】。选中文字，将【字体】设置为长城新艺体，【文字大小】设置为24点，【文本颜色】设置为白色，如图3-127所示。

图3-127　设置文字

36　在工具箱中选择【文字工具】，在文档窗口中按住鼠标进行拖动，绘制出一个文本框，输入文字【锦都大酒店】。选中文字，将【字体】设置为长城新艺体，【字体大小】设置为60点，【文本颜色】的CMYK值设置为12、99、100、0，如图3-128所示。

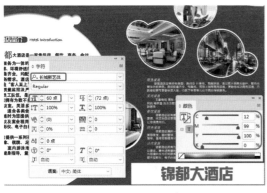

图3-128 设置文字

37 在工具箱中选择【选择工具】，选择刚刚制作的文本，在菜单栏中选择【对象】|【效果】|【投影】命令。在【效果】对话框中，将【混合】选项组下的【不透明度】设置为40%；将【位置】选项组下的【距离】设置为3毫米，【角度】设置为−150°；将【选项】选项组下的【大小】设置为1毫米，如图3-129所示。

图3-129 【效果】对话框

38 单击【确定】按钮，文字效果如图3-130所示。

图3-130 文字效果

39 使用相同的方法，制作右上角的文字，最终效果如图3-131所示。

图3-131 最终效果

3.2.1 美化文本段落

为了使排版内容能引人注目，通常会对文本段落进行美化设计，如对文本颜色、反白文字的设置，为文字添加下划线、删除线等，都会有意想不到的效果。

1. 设置文本颜色

通常为了阅读方便和排版更加美观，会为标题、通栏标题、副标题或引用设置不同的颜色，但是在正文中很少为文本设置颜色。为文本设置颜色的操作步骤如下。

> 🏷 **提 示**
>
> 应用于文本的颜色通常源于相关图形中的颜色，或者来自一个出版物传统的调色板。一般文字越小，文字的颜色应该越深，这样可以使文本更易阅读。

01 打开"素材\Cha03\003.indd"文档。在工具箱中单击【选择工具】按钮 ▶，选择文本，如图3-132所示。

02 在菜单栏中选择【窗口】|【颜色】|【色板】命令，打开【色板】面板，在【色板】面板中选择一种颜色，如图3-133所示。

03 在【色板】面板中单击【描边】图标，然后单击一种颜色，将其应用到文本的描边，如图3-134所示。

图3-132　选择文本

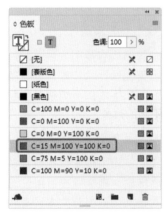

图3-133　【色板】面板

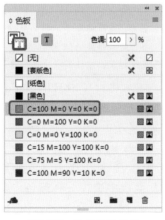

图3-134　选择描边颜色

04 在菜单栏中选择【窗口】|【描边】命令，打开【描边】面板，在【描边】面板的【粗细】下拉列表中设置描边的粗细，如图3-135所示。

图3-135　【描边】面板

05 为文本设置颜色后的效果如图3-136所示。

图3-136　为文本设置颜色后的效果

2. 反白文字

所谓的反白文字，并不一定就是黑底白字，也可以是深色底浅色字。反白文字一般用较大的字号和粗体字样效果最好，因为这样可以引起读者注意，也不会使文本被背景吞没。制作反白文字效果的操作步骤如下。

01 打开"素材\Cha03\004.indd"文档。单击工具箱中的【文字工具】按钮 T ，然后在文本框架中拖动光标选择文字，如图3-137所示。

02 双击工具箱中的【填色】图标，弹出【拾色器】对话框，将RGB值设置为217、238、242，如图3-138所示。

03 单击【确定】按钮，然后将光标移至刚刚设置颜色的文字后，在菜单栏中选择【窗口】|【文字和表】|【段落】命令，打开【段落】面板，单击【段落】面板右上角的 ≡ 按钮，在弹出的下拉菜单中选择【段落线】命令，如图3-139所示。

图3-137 选择文字

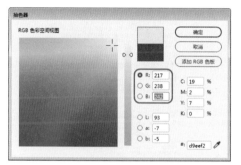

图3-138 为选择的文字设置颜色

图3-139 选择【段落线】命令

04 弹出【段落线】对话框，在【段落线】对话框左上角的下拉列表中选择【段后线】选项，勾选【启用段落线】复选框，在【粗细】下拉列表中选择22点，在【颜色】下拉列表中

选择红色，然后设置【位移】为 −7 毫米，如图 3-140 所示。

图3-140 【段落线】对话框

05 单击【确定】按钮，完成反白文字效果的制作，如图 3-141 所示。

图3-141 反白文字效果

06 使用同样的制作方法，可以为文档中的其他文字制作反白效果，如图 3-142 所示。

图3-142 为其他文字制作反白效果

3. 下划线和删除线选项

在【字符】面板和【控制】面板的下拉菜单中都提供了【下划线选项】和【删除线选项】命令，用来设置下划线和删除线。为文字添加下划线和删除线的操作方法如下。

01 继续上一小节的操作。单击工具箱中的【文字工具】按钮，拖动光标选择需要添加下划线的文字，如图3-143所示。

图3-143 选择文字

02 在菜单栏中选择【窗口】|【文字和表】|【字符】命令，弹出【字符】面板，单击【字符】面板右上角的 ≡ 按钮，在弹出的下拉菜单中选择【下划线选项】命令，如图3-144所示。

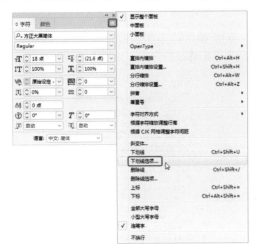

图3-144 选择【下划线选项】命令

03 弹出【下划线选项】对话框，勾选【启用下划线】复选框，然后将【粗细】设置为2

点，将【位移】设置为3点，将【颜色】设置为红色，如图3-145所示。

图3-145 【下划线选项】对话框

04 设置完成后单击【确定】按钮，为文字添加下划线后的效果如图3-146所示。

图3-146 为文字添加下划线后的效果

05 单击工具箱中的【文字工具】按钮 T，然后拖动光标选择需要添加删除线的文字，如图3-147所示。

图3-147 选择文字

06 单击【字符】面板右上角的 ≡ 按钮，在弹出的下拉菜单中选择【删除线选项】命令，弹出【删除线选项】对话框，勾选【启用删除线】复选框，然后将【粗细】设置为 3 点，将【位移】设置为 4 点，将【颜色】设置为如图 3-148 所示的颜色。

图3-148　【删除线选项】对话框

07 设置完成后单击【确定】按钮，为文字添加删除线后的效果如图 3-149 所示。

图3-149　为文字添加删除线后的效果

3.2.2　缩放文本

一般在修改文本的大小时，会选择使用【文字工具】选中需要修改的文字，然后在【字符】面板或控制栏中设置新的字体大小，然后使用【选择工具】来调整文本框架的大小使文本不会溢出。

在 InDesign CC 2018 中也可以同时调整文本框架及文本的大小，具体的操作步骤如下。

01 打开"素材 \Cha03\005.indd"文档。单击工具箱中的【选择工具】按钮，选中需要进行调整的文本框架，如图 3-150 所示。

图3-150　选中文本框架

02 在按住 Ctrl+Shift 组合键的同时，向任意方向拖动该框架边缘或手柄，即可对文本框架和文本同时进行缩放，效果如图 3-151 所示。

图3-151　调整文本框架和文本后的效果

> 🏷 提　示
>
> 使用【缩放工具】也可以同时对文本框架及文本进行调整。

3.2.3　旋转文本

下面再来介绍一下旋转文本的具体的操作步骤。

01 打开"素材 \Cha03\005.indd"文档。单击工具箱中的【选择工具】按钮，在文档中选择需要进行旋转操作的文本框架，如图 3-152 所示。

图3-152　选择文本框架

02 将鼠标指针移至文本框架的任意一个角上，当光标变成↖样式后，单击并向任意方向拖动鼠标，即可旋转文本，效果如图3-153所示。

图3-153　旋转文本

> **提 示**
>
> 使用【旋转工具】 也可以旋转文本。

3.2.4 设置样式

本节分别讲解段落样式与字符样式的应用方法。

1. 段落样式

段落样式可以确保 InDesign 文档保持一致性。段落样式除了包含本身的属性外，还包含所有的文本格式属性。

执行【窗口】|【文字】|【段落样式】命令，打开【段落样式】面板，如图3-154所示。单击【段落样式】面板右上角的 按钮，在弹出的菜单中可以执行相关的段落样式面板命令，如图3-155所示。

- 【新建段落样式】：选择该选项，弹出【新建段落样式】对话框，在该对话框中可以创建段落样式。
- 【直接复制样式】：选中面板中的段落样式，选择该选项，在弹出的【直接复制字符样式】对话框中基于选中样式中的选项创建段落样式。
- 【删除样式】：选中面板中的段落样式，选择该选项，可以删除选中的段落样式。
- 【样式选项】：选中面板中的段落样式，选择该选项，可以在弹出的【段落样

式选项】对话框中更改样式效果选项。

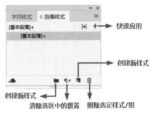

图3-154　【段落样式】面板

图3-155　选择【新建段落样式】命令

- 【断开到样式的链接】：选中面板中的字符样式，选择该选项，可以断开对象与应用于该对象的样式之间的链接，这时该对象将保留相同的属性，但当样式改变时，对象样式不再改变。
- 【载入段落样式】：选择该选项，可以载入某个文档中的所有段落样式。
- 【新建样式组】：选择该选项，可以创建样式组。
- 【打开所有样式组】与【关闭所有样式组】：分别选择该选项，可以展开或者关闭面板中的样式组。
- 【复制到组】：选中面板中的段落样式，选择该选项，在弹出的【复制到组】对话框中选择面板中的样式组并复制到现有的样式组。
- 【从样式中新建组】：选中面板中的段落样式，选择该选项，为选定样式创建样式组。

- 【按名称排序】：选择该选项，可以将面板中的所有样式和样式组按照名称排序。

　　单击【段落样式】面板右上角的 ≡ 按钮后，在弹出的菜单中选择【新建段落样式】选项，弹出【新建段落样式】对话框，如图 3-156 所示。对话框中左侧为选项列表框，右侧为列表选项的相关选项参数。左侧列表框中包括 28 个选项，默认情况下选择的是【常规】选项，右侧显示的是【常规】选项的相关选项设置。以下是这些选项及选项功能介绍。

图3-156　【新建段落样式】对话框

- 【样式名称】：在该文本框中可以设置新建段落样式的名称。

- 【基于】：该选项可以设置样式所基于的样式。

- 【下一样式】：设置该选项可以在输入的第二个段落中应用该选项中的样式，前提是【段落样式】面板中至少包含一个段落样式。

- 【快捷键】：可以在文本框中定义快捷键，但需要将 NumLock 键打开。按住 Shift、Alt 和 Ctrl 键的任意组合键，并按数字小键盘上的数字。不能使用字母或非小键盘数字定义样式快捷键。

- 【将样式应用于选区】：勾选该复选框，可以将新样式直接应用于选中的段落。设置完成后，单击【确定】按钮，即可创建段落样式。

2. 字符样式

　　字符样式是通过一个步骤就可以应用于文本的一系列字符格式属性的集合。使用【字符样式】面板可以创建、命名字符样式，并将其应用于段落内的文本，可以对不同的文本重复应用该样式。在【字符样式】面板中创建的字符样式只针对当前文档，不影响其他文档。执行【文字】|【字符样式】命令，打开【字符样式】面板，如图 3-157 所示。单击【字符样式】面板右上角的 ≡ 按钮，在弹出的快捷菜单中选择【新建字符样式】选项，弹出【新建字符样式】对话框，如图 3-158 所示。对话框中左侧为选项列表框，右侧为列表框选项的相关选项参数。

图3-157　【字符样式】面板

图3-158　【新建字符样式】对话框

　　左侧列表框中包括 16 个选项，默认情况下选择的是【常规】选项，右侧显示的是【常规】选项的相关选项设置。以下是这些选项及选项功能介绍。

- 【样式名称】：在文本框中可以设置字符样式的名称，默认情况下为【字符样式】，在文本框中输入即可更改该样式名称。
- 【基于】：用来作为新样式的基础样式，也就是说新建样式可以基于已有的样式创建。如果要创建一个新样式，最好保留该设置为默认值。
- 【快捷键】：用来设置应用该样式的快捷键，设置方法是在文本框中单击，然后按住 Ctrl 键并按下数字键。
- 【样式设置】：显示设置的字符属性，单击右侧的【重置为基准样式】按钮，可以清除设置的字符属性。

左侧列表框中的其他选项是用来设置字符属性的。图 3-159 所示为设置了字符样式的快捷键，单击【确定】按钮完成创建，如图 3-160 所示。

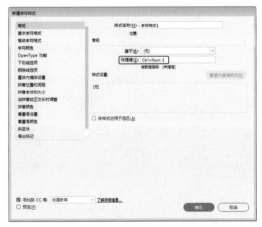

图3-159　设置字符样式的快捷键

图3-160　创建文字样式

如果希望在现有字符格式的基础上创建一种新的样式，可以选择该文本或者将插入点放在该文本中，单击【字符面板】右上角的 ≡ 按钮，在弹出的菜单中选择【新建字符样式】选项，字符属性为选中文本属性的字符样式，如图 3-161 所示。

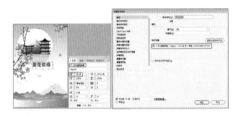

图3-161　创建具有文本属性的字符样式

要想基于面板中的某个字符样式选项创建新字符样式，还可以选中该字符样式，然后执行关联菜单中的【直接复制样式】命令，通过该命令得到的新字符样式不具备源样式中的快捷键，如图 3-162 所示。

图3-162　直接复制字符样式

字符样式创建完成后，就可以在页面中重

复应用该样式。方法是：使用【文字工具】 T. 选中文本，在【字符样式】面板中选择字符样式，这时页面中的文本发生变化，如图 3-163 所示。

图3-163　应用字符样式

→3.3 上机练习——制作房地产宣传单

房地产是一个综合的较为复杂的概念，从实物现象看，它是由建筑物与土地共同构成。土地可以分为未开发的土地和已开发的土地，建筑物依附土地而存在，与土地结合在一起。本节将介绍如何制作房地产宣传单，其效果如图 3-164 所示。通过本案例的学习，可以使读者对前面所学的知识有所进行巩固。

图3-164　房地产宣传画册效果

素材	素材\Cha03\房地产背景.jpg、古建筑.psd、室外效果.jpg、花边.psd
场景	场景\Cha03\上机练习——制作房地产宣传单.indd
视频	视频教学\Cha03\3.3　上机练习——制作房地产宣传单.mp4

01 启动 InDesign CC 2018 软件，按 Ctrl+N 组合键，打开【新建文档】对话框，将【页数】设置为 2，勾选【对页】复选框，将【宽度】和【高度】分别设置为 300 毫米、207 毫米，如图 3-165 所示。

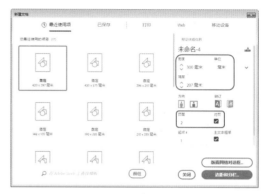

图3-165　【新建文档】对话框

02 在该对话框中单击【边距和分栏】按钮，再在弹出的对话框中将【上】、【下】、【内】、【外】都设置为 0 毫米，如图 3-166 所示。

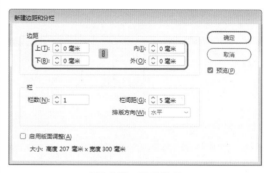

图3-166　设置边距

03 设置完成后，单击【确定】按钮，即可创建一个新的文档。按 F12 键打开【页面】面板，单击【页面】面板右上角的 ≡ 按钮，在弹出的下拉菜单中选择【允许文档页面随机排布】命令，如图 3-167 所示。

图3-167　选择【允许文档页面随机排布】命令

04 在【页面】面板中选择第2页，将第2页拖曳至第1页的右侧，如图3-168所示。

图3-168　选择并拖动第2页

05 释放鼠标后，即可调整该页面的位置，效果如图3-169所示。

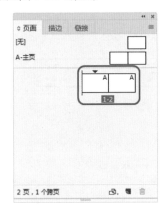

图3-169　调整页面的位置

06 将【页面】面板关闭，按Ctrl+D组合键，在弹出的对话框中选择"素材\Cha03\房地产背景.jpg"素材文件，如图3-170所示。

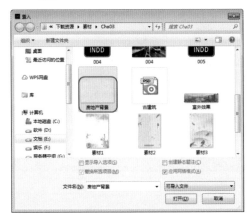

图3-170　选择素材文件

07 选择完成后，单击【打开】按钮，将该素材置入文档窗口中，并调整其大小及位置，调整后的效果如图3-171所示。

图3-171　置入素材文件

08 在工具箱中单击【钢笔工具】按钮 ，在文档中窗口中绘制一个如图3-172所示的图形。

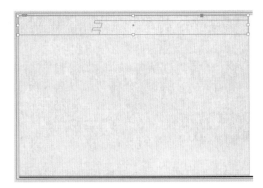

图3-172　绘制图形

09 在控制栏中将【填色】设置为纸色，将【描边】设置为无，效果如图3-173所示。

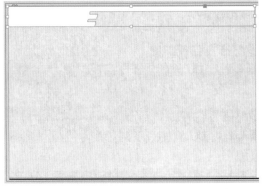

图3-173　设置填色及描边

10 在工具箱中单击【文字工具】按钮 T ，

在文档窗口中绘制一个文本框，并输入文字。选中输入的文字，将【字体】设置为汉仪综艺体简，将【字体大小】设置为 36 点，如图 3-174 所示。

图3-174　输入文字

11 在工具箱中单击【钢笔工具】按钮，在文档中窗口中绘制一个如图 3-175 所示的图形。

图3-175　绘制图形

12 按 F6 键打开【颜色】面板，将【描边】设置为无，将【填色】的 CMYK 值设置为 0、92、86、31，如图 3-176 所示。

图3-176　设置填色及描边

13 在工具箱中单击【钢笔工具】按钮，再次使用钢笔工具绘制如图 3-177 所示的图形。

图3-177　绘制图形

14 使用同样的方法绘制其他图形，绘制后的效果如图 3-178 所示。

图3-178　绘制其他图形

15 选中绘制的图形，在菜单栏中选择【对象】|【路径】|【建立复合路径】命令，如图 3-179 所示。

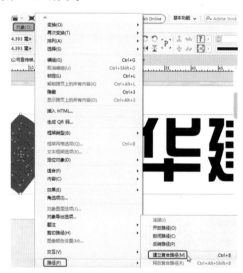

图3-179　选择【建立复合路径】命令

16 执行该命令后，即可对选中的图形建立复合路径，效果如图 3-180 所示。

17 按 Ctrl+D 组合键，在弹出的对话框中选择"素材\Cha03\古建筑.psd"素材文件，如图 3-181 所示。

图3-180　建立复合路径

图3-181　选择素材文件

18 选择完成后，单击【打开】按钮，将该素材置入文档窗口中，并调整其大小及位置，调整后的效果如图3-182所示。

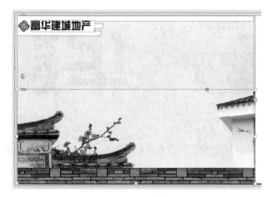

图3-182　置入素材文件

19 在工具箱中单击【文字工具】按钮 T，在文档窗口中绘制一个文本框，并输入文字。选中输入的文字，在控制栏中将字体设置为【Adobe 宋体 Std】，将【字体大小】设置为26点，如图3-183所示。

20 使用同样的方法输入其他文字，输入后的效果如图3-184所示。

图3-183　输入文字

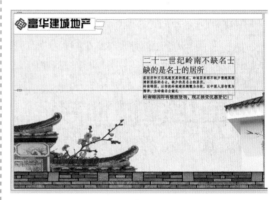

图3-184　输入其他文字后的效果

21 继续上面的操作，在文档窗口中选择【房地产背景】，单击鼠标右键，在弹出的快捷菜单中选择【复制】命令，按Ctrl+V组合键进行粘贴，将其调整到第2页页面上，调整后的效果如图3-185所示。

图3-185　复制素材文件

22 在工具箱中单击【矩形工具】按钮，在文档窗口中绘制一个矩形，绘制后的效果如图3-186所示。

图3-186　绘制矩形

23 确认矩形处于选中状态，在工具箱中单击【添加锚点工具】按钮，在如图 3-187 所示的位置添加两个锚点。

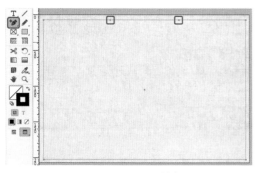

图3-187　添加锚点

24 在工具箱中选择【直接选择工具】，在空白位置单击，再将光标移至矩形上，当光标变为时，在所添加锚点的中间位置单击鼠标，如图 3-188 所示。

图3-188　在矩形上单击

25 按 Delete 键将该线段删除，按 F10 键打开【描边】面板，在该面板中将【粗细】设置为 1 点，如图 3-189 所示。

26 按 F6 键打开【颜色】面板，单击【颜色】面板右上角的按钮，在弹出的下拉菜单中选择 CMYK 命令，将描边的 CMYK 值设置为 0、23、48、47，如图 3-190 所示。

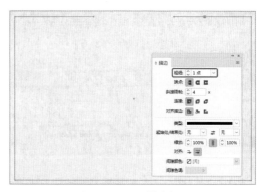

图3-189　设置描边粗细

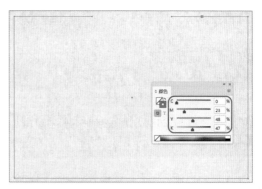

图3-190　设置描边颜色

27 在工具箱中单击【文字工具】按钮，在文档窗口中绘制一个文本框，并输入文字。选中输入的文字，在控制栏中将【字体】设置为方正大黑简体，将【字体大小】设置为 13 点，效果如图 3-191 所示。

图3-191　输入文字

28 选中输入的文字，按 F6 键打开【颜色】面板，单击【颜色】面板右上角的按钮，在弹出的下拉菜单中选择 CMYK 命令，将填色的 CMYK 值设置为 0、2、0、91，如图 3-192 所示。

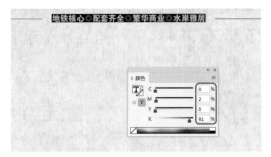

图3-192　设置文字填色

29 再在文档窗口中绘制一个文本框，并输入文字。选中输入的文字，在控制栏中将【字体】设置为创艺简老宋，将【字体大小】设置为43点，如图3-193所示。

图3-193　输入文字

30 选中输入的文字，按F6键打开【颜色】面板，单击【颜色】面板右上角的按钮≡，在弹出的下拉菜单中选择CMYK命令，将填色的CMYK值设置为0、22、13、87，如图3-194所示。

图3-194　设置文字填色

31 使用同样的方法输入其他文字，并进行相应的设置，效果如图3-195所示。

32 按Ctrl+D组合键，在弹出的对话框中选择"素材\Cha03\花边.psd"素材文件，如图3-196所示。

图3-195　输入其他文字

图3-196　选择素材文件

33 选择完成后，单击【打开】按钮，即可将选中的素材文件置入文档窗口中。在文档窗口中调整其位置及大小，调整后的效果如图3-197所示。

图3-197　置入素材文件

34 使用同样的方法将【室外效果.jpg】素材文件置入文档窗口中，调整其大小及位置，调整后的效果如图3-198所示。

35 在工具箱中单击【直线工具】按钮╱，在文档窗口中绘制一条直线，如图3-199所示。

36 按F10键打开【描边】面板，在该面板中将【粗细】设置为1点，如图3-200所示。

图3-198　置入其他素材文件

图3-199　绘制直线

图3-200　设置描边粗细

37 按 F6 键打开【颜色】面板，单击【颜色】面板右上角的按钮≡，在弹出的下拉菜单

中选择 CMYK 命令，将描边的 CMYK 值设置为 0、23、48、47，如图 3-201 所示。

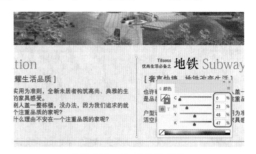

图3-201　设置描边颜色

38 使用同样的方法绘制其他图形，绘制后的效果如图 3-202 所示。

图3-202　绘制其他图形后的效果

3.4　思考与练习

1. 简单说明怎样旋转文本。

2. 简单说明怎样重复应用创建后的字符样式。

第 **4** 章　菜单设计 ——图片与页面的应用

InDesign CC 2018本身并不能处理复杂的图片，它擅长将已处理好的文字、图像图形通过赏心悦目的安排，达到突出主题为目的。在编排期间，图片与页面的处理是影响创作发挥和工作效率的重要环节，是否能够灵活处理图片与页面显得非常关键。

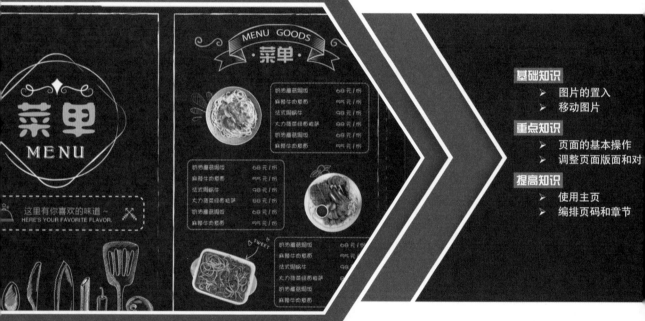

基础知识
➤ 图片的置入
➤ 移动图片

重点知识
➤ 页面的基本操作
➤ 调整页面版面和对

提高知识
➤ 使用主页
➤ 编排页码和章节

菜单是指餐厅中一切与该餐饮企业产品、价格及服务有关的信息资料，它不仅包含各种文字图片资料、声像资料以及模型与实物资料，甚至还包括顾客点菜后服务员所写的点菜单。

4.1 制作西餐厅菜单——图片的基本操作与应用

对于西餐，走在时尚前沿的人士应该不陌生。西餐是我国人民和其他部分东方国家的人民对西方国家菜点的统称，广义上讲，也可以说是对西方餐饮文化的统称。本案例将介绍如何制作西餐厅菜单，效果如图 4-1 所示。

图4-1　西餐厅菜单

素材	素材\Cha04\西餐厅素材01.png~西餐厅素材04.png，m01.png~ m03.png
场景	场景\Cha04\制作西餐厅菜单——图片的基本操作与应用.indd
视频	视频教学\Cha04\4.1　制作西餐厅菜单——图片的基本操作与应用.mp4

01 启动 InDesign CC 2018 软件，按 Ctrl+N 组合键，在弹出的对话框中将【宽度】、【高度】分别设置为 210 毫米、297 毫米，将【页面】设置为 2，勾选【对页】复选框，如图 4-2 所示。

图4-2　设置【新建文档】参数

02 单击【边距和分栏】按钮，在弹出的对话框中将【上】、【下】、【内】、【外】均设置为 20 毫米，将【栏数】设置为 1，如图 4-3 所示。

图4-3　设置边距和分栏参数

03 设置完成后，单击【确定】按钮，在【页面】面板中选择第一个页面，单击鼠标右键，在弹出的快捷菜单中选择【允许文档页面随机排布】命令，如图 4-4 所示。

图4-4　选择【允许文档页面随机排布】命令

04 在【页面】面板中选择第二个页面，按住鼠标将其拖曳至第一个页面的右侧，效果如图 4-5 所示。

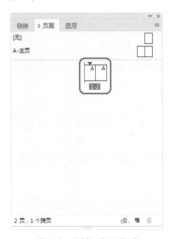

图4-5　调整页面位置

05 在工具箱中单击【矩形工具】按钮 ▣，绘制一个矩形，在控制栏中将 W、H 分别 210 毫米、297 毫米，在【颜色】面板中将【填色】的 RGB 值设置为 27、29、29，在【描边】面板中将【粗细】设置为 0 点，如图 4-6 所示。

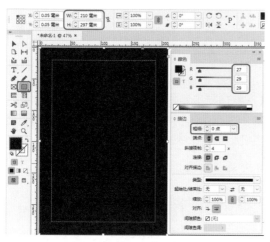

图4-6　绘制矩形并进行设置

06 在菜单栏中选择【文件】|【置入】命令，在弹出的对话框中选择"素材\Cha04\西餐厅素材 01.png"素材文件，如图 4-7 所示。

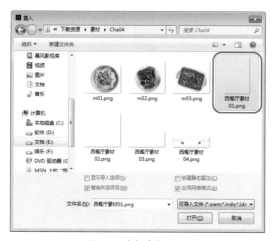

图4-7　选择素材文件

07 单击【打开】按钮，在空白位置单击鼠标，将选中的素材文件置入文档中，并调整其位置，效果如图 4-8 所示。

08 按 Ctrl+D 组合键，在弹出的对话框中选择"素材\Cha04\西餐厅素材 02.png"素材文件，如图 4-9 所示。

图4-8　将素材文件置入文档中

图4-9　选择素材文件

09 单击【打开】按钮，在空白位置单击鼠标，将选中的素材文件置入文档中，并调整其位置，效果如图 4-10 所示。

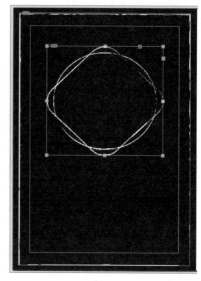

图4-10　将素材置入文档中

10 在工具箱中单击【钢笔工具】按钮 ![pen icon]，绘制一个图形，在【颜色】面板中将【填色】的 RGB 值设置为 255、255、255，在【描边】面板中将【粗细】设置为 0 点，如图 4-11 所示。

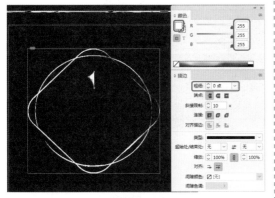

图4-11　绘制图形并进行设置

11 再次使用【钢笔工具】 ![pen icon] 绘制一个图形，在【颜色】面板中将【填色】的 RGB 值设置为 255、255、255，在【描边】面板中将【粗细】设置为 0 点，如图 4-12 所示。

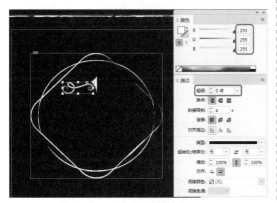

图4-12　绘制图形并进行设置

12 在文档窗口中选择绘制的两个图形，单击鼠标右键，在弹出的快捷菜单中选择【编组】命令，如图 4-13 所示。

13 选中编组后的对象，按 Ctrl+C 组合键对其进行复制，在菜单栏中选择【编辑】|【原位粘贴】命令，如图 4-14 所示。

14 选择粘贴后的对象，单击鼠标右键，在弹出的快捷菜单中选择【变换】|【水平翻转】命令，如图 4-15 所示。

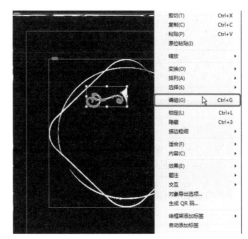

图4-13　选择【编组】命令

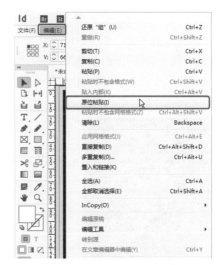

图4-14　选择【原位粘贴】命令

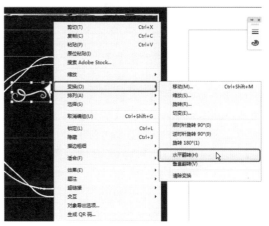

图4-15　选择【水平翻转】命令

15 翻转完成后，在文档窗口中调整其位置，调整后的效果如图 4-16 所示。

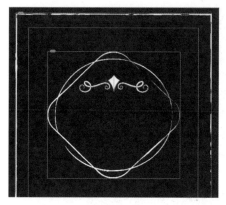

图4-16　调整对象位置后的效果

16 在工具箱中单击【文字工具】按钮 T，在文档窗口中绘制一个文本框，输入文字。选中输入的文字，在【字符】面板中将【字体】设置为苏新诗卵石体，将【字体大小】设置为100点，将【字符间距】设置为200，在【颜色】面板中将【填色】的 RGB 值设置为240、188、21，如图4-17所示。

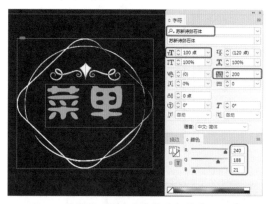

图4-17　输入文字并进行设置

17 使用【文字工具】 T 再在文档窗口中绘制一个文本框，输入文字。选中输入的文字，在【字符】面板中将【字体】设置为 BoltonShadowed，将【字体大小】设置为36点，将【字符间距】设置为200，在【颜色】面板中将【填色】的 RGB 值设置为255、255、255，如图4-18所示。

18 在工具箱中单击【矩形工具】按钮 □，绘制一个矩形，在控制栏中将 W、H 分别设置为154毫米、32毫米，在【颜色】面板中将【描边】的 RGB 值设置为255、255、255，在【描边】面板中将【粗细】设置为3点，单击【圆

角连接】按钮 ⌐，将【类型】设置为虚线，将【虚线】设置为9点，如图4-19所示。

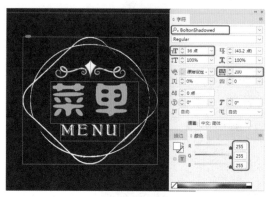

图4-18　再次输入文字并设置

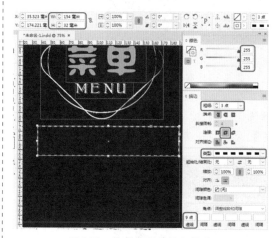

图4-19　绘制矩形并进行设置

19 在工具箱单击【选择工具】按钮 ▶，选中矩形对象，在如图4-20所示的位置处单击鼠标。

图4-20　选中矩形并单击

20 按住 Alt 键拖动如图4-21所示的黄色角点。

图4-21　拖动黄色角点

21 在工具箱中单击【多边形工具】按钮
⬡，在文档窗口中单击鼠标，在弹出的对话框
中将【多边形宽度】、【多边形高度】分别设置
为3.7毫米、3.5毫米，将【边数】设置为5，
将【星形内陷】设置为30%，如图4-22所示。

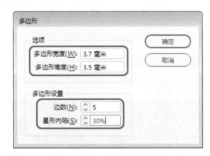

图4-22　设置多边形参数

22 设置完成后，单击【确定】按钮。继
续选中绘制的图形，在【颜色】面板中将【描
边】的RGB值设置为255、255、255，在【描
边】面板中将【粗细】设置为1点，单击【圆
角连接】按钮 ⬓，如图4-23所示。

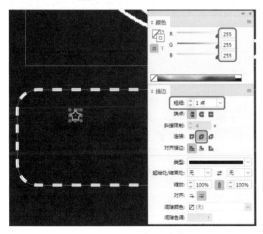

图4-23　设置描边参数

23 根据前面所介绍的方法绘制其他图
形，并进行相应的设置，效果如图4-24所示。

图4-24　绘制其他图形的效果

24 在工具箱中单击【文字工具】按钮 T，
绘制一个文本框，输入文字。选中输入的文
字，在【字符】面板中将【字体】设置为微软
雅黑，将【字体大小】设置为22点，将【字符
间距】设置为40，在【颜色】面板中将【填色】
设置为234、185、53，如图4-25所示。

图4-25　输入文字并进行设置

25 使用【文字工具】 T 绘制一个文本
框，输入文字。选中输入的文字，在控制栏中
单击【全部大写字母】按钮 TT，在【字符】面
板中将【字体】设置为方正黑体简体，将【字
体大小】设置为14点，将【字符间距】设置
为35，在【颜色】面板中将【填色】设置为
255、255、255，如图4-26所示。

26 根据前面所介绍的方法将"素材\
Cha04\西餐厅素材03.png"素材文件置入文档
中。选中置入的图像文件，在【变换】面板中
将【X缩放百分比】、【Y缩放百分比】均设置
为93%，如图4-27所示。

图4-26　再次输入文字并设置后的效果

图4-27　设置缩放百分比

疑难解答　除了可以在【变换】面板中调整图像大小外，还有什么方法？

除了可以在【变换】面板中调整图像大小外，还可以在控制栏中通过设置【X缩放百分比】、【Y缩放百分比】来调整图像大小。此外，还可以通过设置W、H参数来调整图像大小，但是如果使用此方法，需要在设置完参数后，在选中的图像上单击鼠标右键，在弹出的快捷菜单中选择【适合】|【使内容适合框架】命令，执行该操作后，图像大小才会发生改变。

27 设置完成后，调整图像文件的位置，调整后的效果如图 4-28 所示。

图4-28　调整图像文件位置后的效果

28 使用【选择工具】 ▶ 在文档窗口中选择如图 4-29 所示的两个对象。

图4-29　选择对象

29 按住 Alt+Shift 组合键向右拖动选择的对象，对其进行复制，效果如图 4-30 所示。

图4-30　复制对象后的效果

30 根据前面所介绍的方法将"素材\Cha04\ 西餐厅素材 04.png"素材文件置入文档中，并调整其位置，效果如图 4-31 所示。

31 使用【文字工具】 T 绘制一个文本框，输入文字。选中输入的文字，在【字符】面板中将【字体】设置为微软简综艺，将【字体大小】设置为 48 点，将【字符间距】设置为0，在【颜色】面板中将【填色】设置为 239、193、65，如图 4-32 所示。

图4-31 置入素材文件并调整其位置

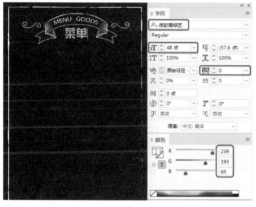

图4-32 输入文字并进行设置

32 在工具箱中单击【椭圆工具】按钮 ◯，按住 Shift 键绘制一个正圆。选中绘制的正圆，在控制栏中将 W、H 均设置为 3 毫米，在【颜色】面板中将【填色】的 RGB 值设置为 239、193、65，在【描边】面板中将【粗细】设置为 0 点，如图 4-33 所示。

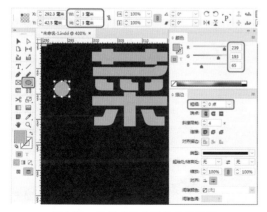

图4-33 绘制正圆并设置后的效果

33 在工具箱中单击【选择工具】按钮 ▶，

选中绘制的圆形，按住 Alt+Shift 组合键向右进行拖动，对其进行复制，效果如图 4-34 所示。

图4-34 复制图形后的效果

34 根据前面所介绍的方法创建其他效果，如图 4-35 所示。

图4-35 创建其他效果

4.1.1 合格的印刷图片

在为客户制作项目时，客户提供的资料图片来源很多，如数码照片、网上图片等，但是这些图片都需要设计师在图像软件中进行处理，再将处理后的图片放到 InDesign 中进行排版设计，下面将介绍图片的格式、模式和分辨率等。

1. 图片的格式

InDesign CC 2018 支持包括 PSD、JPEG、PDF、TIFF、EPS 和 GIF 格式等多种图片格式，在印刷方面，最常用到的是 TIFF、JPEG、EPS、AI 和 PSD 格式，下面将介绍常用的图片格式。

① TIFF。

在印刷方面多以 TIFF 格式为主。TIFF 是 Tagged Image File Format(标签图像文件格式)的简写，是一种主要用来存储包括照片和艺术图片在内的图像文件格式。TIFF 格式是最复杂的一种位图文件格式。TIFF 是基于标记的文件格式，它广泛应用于对图像质量要求较高的图像存储与转换，由于结构灵活和包容性大，它已经成为图像文件格式的一种标准，绝大多数图像系统都支持这种格式。

但需要注意的是，如果图片尺寸过大，存储为 TIFF 会使得在输出时图片出现错误的尺寸，这时可以将图片存储为 EPS 格式。

② JPEG。

JPEG 的压缩方式通常是破坏性资源压缩，在压缩的过程中，图像的品质会遭到可见的破坏，因此，通常只在创作的最后阶段以 JPEG 格式保存一次图片。

由于 JPEG 格式采用有损压缩的方式，所以在操作时必须注意以下几点。

- 四色印刷使用 CMYK 模式。
- 限于对精度要求不高的印刷品。
- 不宜在编辑修改过程中反复存储。

③ EPS。

EPS 文件格式又被称为带有预视图像的 PS 格式，它的"封装"单位是一个页面，EPS 文件只包含一个页面的描述。EPS 文件是目前桌面印刷系统普遍使用的通用交换格式中的一种综合格式。EPS 格式可用于像素图片、文本以及矢量图形。创建或是编辑 EPS 文件的软件可以定义容量、分辨率、字体、其他的格式化和打印信息等，这些信息被嵌入 EPS 文件中，然后由打印机读入并处理。

④ PSD。

PSD 格式可包含各种图层、通道、遮罩等，需要多次进行修改的图片存储为 PSD 可以在下次打开时很方便地修改上次的图片。缺点是增加文件量，打开文件速度缓慢。

⑤ AI。

AI 是一种矢量图格式，可用于矢量图形及文本，如在 Illustrator 中编辑后可以存储为 AI 格式。它的优点是占用硬盘空间小，打开速度快，方便格式转换。

2. 图片的模式

一般图片常用到 4 种颜色模式：RGB、CMYK、灰度、位图，根据不同的需要可以将图像设置为不同的颜色模式，如用于印刷的图像的颜色模式为 CMYK 颜色模式。

① RGB 与 CMYK。

在排版过程中，当打开某一个彩色图片时，它的颜色模式可以是 RGB 模式，也可以是 CMYK 或者其他模式。但是印刷的图片颜色模式必须是 CMYK 模式，这样可以避免颜色上的偏差。

其原因在于：RGB 模式是由红、绿和蓝三种颜色为基色进行叠加的色彩模式，例如，显示器是以 RGB 模式工作的。CMYK 模式是一种依靠反光的色彩模式，只要是在印刷品上看到的图像就是以 CMYK 模式表现的。而 RGB 模式的色彩范围大于 CMYK 模式，所以 RGB 模式能够表现许多颜色，尤其是鲜艳而明亮的色彩（不过前提是显示器的色彩必须是经过校正的，不会出现图片色彩的失真），这种色彩在印刷时是难以印出来的。这也是把图片色彩模式从 RGB 转换到 CMYK 时画面会变暗的主要原因，如图 4-36 所示。

RGB模式　　　　　　CMYK模式

图4-36　颜色模式对比

印刷的图片应转为 CMYK 模式，还应注意的是，对于所打开的一个图片，无论是 CMYK 模式，还是 RGB 模式，都不要在这两种模式之间进行多次转换。因为，在图像处理软件中，每进行一次图片色彩空间的转换，都将损失一部分原图片的细节信息。如果是要印刷的图片，在处理时，应先将其转为 CMYK 再进行其他处理。

② 灰度与位图。

位图与灰度模式是 Photoshop 中最基本的颜色模式。

灰度模式能充分表现出图像的明暗信息，拥有丰富细腻的阶调变化，如图 4-37 所示。

位图即为黑白图，位图的每个像素只能用一位二进制数来表达，1 和 0，即有和无，不存在中间调部分，如图 4-38 所示。

因此灰度图看上去比较流畅，而位图则会显得过渡层次有点不清楚。如果图片是用于非彩色印刷而又需要表现图片的阶调，一般用灰度模式；如果图片只有黑和白，不需要表现阶调层次，则用位图。

图 4-37　灰度颜色模式　　　图 4-38　位图颜色模式

图片模式若为位图和灰度的图片，可以在 InDesign CC 2018 中对其进行上色，操作步骤如下。

01 启动软件，新建一个【宽度】、【高度】分别为 303 毫米、200 毫米的文档，在菜单栏中选择【文件】|【置入】命令，在弹出的对话框中选择"素材 \Cha04\ 素材 01.jpg"素材文件，如图 4-39 所示。

02 单击【打开】按钮，在文档窗口中绘制一个与页面大小相同的框架，效果如图 4-40 所示。

图 4-39　选择素材文件

图 4-40　将图片置入文档中

03 选中置入的图片，按 F5 键打开【色板】面板，在【色板】面板中单击【C=0 M=0 Y=100 K=0】的颜色，将【色调】设置为 55%，如图 4-41 所示。

图 4-41　选择颜色并设置色调参数

04 执行该操作后，即可为选中的图片上色，效果如图 4-42 所示。

图4-42　为图片上色后的效果

3. 图片的分辨率

图片的分辨率以比例关系影响着文件的大小，因为图片的用途不一样，所以图片的分辨率也会不同。本节将介绍网页、喷绘和印刷品的分辨率。

① 网页。

因为互联网上的信息量较大、图片较多，所以图片的分辨率不适宜太高，否则会影响打开网页的速度，用于网页上的图片分辨率一般在72dpi，如图4-43所示。

图4-43　网页

② 喷绘。

喷绘是一种基本的、较传统的表现技法，它的表现更细腻真实，它输出的画面很大。喷绘的图片对于分辨率没有标准要求，但需要结合喷绘尺寸大小、使用材料、悬挂高度和使用年限等诸多因素来考虑。所以输出图片的分辨率一般在30~45dpi，如图4-44所示。

图4-44　户外喷绘广告

③ 印刷品。

印刷品的分辨率要比喷绘和网页的要求高，下面以3个常见出版物介绍印刷品分辨率的设置。

- 报纸：报纸以文字为主、图片为辅，所以分辨率一般在150dpi，但是彩色报纸对彩图的要求要比黑白报纸的单色图高，一般在300dpi。

- 杂志：杂志的分辨率一般在300dpi，如图4-45所示，但也要根据实际情况来设定，比如杂志的彩页部分需要设置300dpi，而不需要彩图的黑白部分，其分辨率可以设置得低些。

图4-45　杂志

- 画册：画册以图为主、文字为辅，如图4-46所示，所以要求图片的质量较高。普通画册的分辨率可设置在300dpi，精品画册就需要更高的分辨率，一般在350~400dpi。

图4-46 画册

4.1.2 图片的置入

置入图片是排版的基本操作，在 InDesign CC 2018 中置入图片是比较重要的操作。置入的图片都带链接，这样可以方便地回到原来的图像处理软件中继续编辑，且能减小文档大小。置入图片的操作步骤如下。

01 启动 InDesign CC 2018 软件，新建一个【宽度】、【高度】分别为 229 毫米、167 毫米的文档，在菜单栏中选择【文件】|【置入】命令，如图 4-47 所示。

图4-47 选择【置入】命令

提 示

除了可以通过命令将图片置入文档外，还可以通过按 Ctrl+D 组合键将图片置入文档。

02 在弹出的对话框中选择"素材\Cha04\素材 02.jpg"素材文件，如图 4-48 所示。

图4-48 选择素材文件

03 单击【打开】按钮，在空白位置单击鼠标，即可将选中的素材文件置入文档，效果如图 4-49 所示。

图4-49 将选中的图片置入文档

在置入图片时，在【置入】对话框的下方有 4 个复选框：显示导入选项、创建静态题注、替换所选项目、应用网格格式。

- 【显示导入选项】复选框：勾选【显示导入选项】复选框后，在置入图片时，软件会根据置入对象的格式弹出相应的选项内容，如图 4-50 所示为导入 JPG 格式时所弹出的【图像导入选项】对话框。

- 【创建静态题注】复选框：勾选【创建静态题注】复选框后，会创建显示在页面中的描述性的文本。

- 【替换所选项目】复选框：勾选【替换所选项目】复选框后，可以将文档中预先选择的对象替换为后面所置入的对象。

- 【应用网格格式】复选框：只对文字产生作用。

图4-50　【图像导入选项】对话框

4.1.3　管理图片链接

InDesign CC 2018 将图片都显示在【链接】面板中，设计师可以随时编辑、更新图片。需要注意的是，当移动 indd 文档至其他计算机上时，应同时将附带的链接图片一起移动。下面将讲解如何通过【链接】面板快速查找、更换图片，编辑已置入图片和更新图片链接。

1. 快速查找图片

当素材库中存有很多图片时，在其中找到某张图片是很麻烦的。通过【链接】面板的【转到链接】按钮，可以快速查找图片所在的页面位置，前提是设计师要给每张图片规范名称。

快速查找图片可操作步骤如下。

01 按 Ctrl+O 组合键，在弹出的对话框中选择"素材 \Cha04\ 链接 .indd"素材文件，单击【打开】按钮，将选中的素材文件打开，效果如图 4-51 所示。

02 在菜单栏中选择【窗口】|【链接】命令，打开【链接】面板，如图 4-52 所示。

03 在【链接】面板中选择"素材 05.jpg"素材文件，在【链接】面板中单击 ≡ 按钮，在弹出的下拉菜单中选择【转到链接】命令，如图 4-53 所示。

图4-51　打开素材文件

图4-52　打开【链接】面板

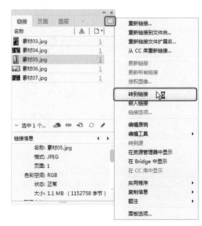

图4-53　选择【转到链接】命令

04 执行该操作后，即可快速查找到选中文件所链接的对象，效果如图 4-54 所示。

> **提 示**
>
> 除了上述方法可以转到链接对象外，还可以在【链接】面板中单击【转到链接】按钮 🔗 来转到链接对象；在【链接】面板中选择要查找的图像，单击鼠标右键，在弹出的快捷菜单中选择【转到链接】命令，同样可以快速查找到所选的图像。

图4-54 选中链接对象后的效果

2. 更换图片

在【链接】面板中，使用【重新链接】按钮 🔗，可以将当前选中的图片更换成其他图片，还可以重新链接丢失链接的图片。

重新更换图片的操作步骤如下。

01 在【链接】面板中选择"素材\Cha04\素材07.jpg"素材文件，单击【重新链接】按钮 🔗，如图4-55所示。

图4-55 单击【重新链接】按钮

02 在弹出的对话框中选择"素材\Cha04\素材08.jpg"素材文件，如图4-56所示。

图4-56 选择素材文件

03 单击【打开】按钮，即可完成图片的更换，效果如图4-57所示。

图4-57 更换图片后的效果

除了上述方法外，还可以在【链接】面板中选择要替换的图像，单击 ≡ 按钮，在弹出的下拉菜单中选择【重新链接】命令，如图4-58所示；在选择的图像上单击鼠标右键，在弹出的快捷菜单中选择【重新链接】命令，同样也可以替换图片。

图4-58 选择【重新链接】命令

当【链接】面板中出现 ❓ 时表示图片所链接的位置发生了变化，软件找不到该图片。如果将 InDesign CC 2018 文档或图片的原始文件移动到其他文件夹或者为图片重命名，则会出现此种情况。

重新链接丢失链接图片的操作步骤如下。

01 单击【链接】面板中丢失的图片，单击 ❓ 按钮，会弹出【定位】对话框，如图4-59所示。

02 选择更换丢失链接的图片，然后单击【打开】按钮，即可完成更换丢失链接图片的操作，如图4-60所示。

图4-59　【定位】对话框

图4-60　更新链接后的效果

3. 编辑已置入图片

当置入的图片不符合要求时，可以单击
【链接】面板中的【编辑原稿】按钮，在图
像处理软件中进行编辑；或者选中要编辑的图
片后在【链接】面板中单击 ≡ 按钮，在弹出的
下拉列表中选择【编辑工具】命令，再在弹出
的子菜单中选择要编辑的软件进行编辑。编辑
已置入图片的操作步骤如下。

01 在【链接】面板中选择"素材03.jpg"
素材文件，单击 ≡ 按钮，在弹出的下拉菜单
中选择【编辑工具】|Adobe Photoshop CC 2018
19.0命令，如图4-61所示。

图4-61　选择Adobe Photoshop CC 2018 19.0命令

02 执行该操作后，即可将选中的图片
文件在 Photoshop CC 2018 中打开，如图4-62
所示。

图4-62　打开的图片文件

03 按 Ctrl+M 组合键，在弹出的对话框中
添加一个控制点，将【输入】、【输出】分别设
置为 112、146，如图4-63所示。

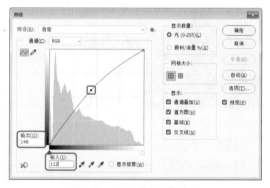

图4-63　设置【曲线】参数

04 设置完成后，单击【确定】按钮，在
菜单栏中选择【图像】|【调整】|【亮度/对比度】
命令，如图4-64所示。

05 在弹出的对话框中将【亮度】、【对比
度】分别设置为6、4，如图4-65所示。

06 设置完成后，单击【确定】按钮，按
Ctrl+S 组合键对调整的图片进行保存、切换至
InDesign CC 2018，即可发现选中的图片发生了
改变，效果如图4-66所示。

图4-64　选择【亮度/对比度】命令

图4-65　设置亮度/对比度参数

图4-66　调整图片后的效果

4. 嵌入链接

在 InDesign 中，如果移动 .indd 文档至其他计算机上时，未同时将附带的链接图片一起移动的话，则链接的图片会无法显示。为了避免这种情况的发生，可以将图片嵌入链接，这样在移动 indd 文档时。下面介绍嵌入链接的操作步骤。

01 在【链接】面板中选择要嵌入链接的图片，单击 ≡ 按钮，在弹出的下拉菜单中选择【嵌入链接】命令，如图 4-67 所示。

02 执行该操作后，即可将选中的图片嵌入链接，效果如图 4-68 所示。

📎 **提　示**

当将图片嵌入链接后，则【编辑原稿】、【编辑工具】等命令无法使用。只有将嵌入链接的图片取消嵌入链接后，【编辑原稿】、【编辑工具】等命令才可用。

图4-67　选择【嵌入链接】命令

图4-68　嵌入链接后的效果

除了上述方法可以将图片进行嵌入链接外，还可以在【链接】面板中选择图片后右击鼠标，在弹出的快捷菜单中选择【嵌入链接】命令。

4.1.4 移动图片

在 InDesign CC 2018 中置入图片时，图片会带有图形框，可使用【选择工具】将图形框和框里的内容一并移动，也可以用【直接选择工具】只移动框里的内容。下面介绍这两种工具的使用方法，使移动图片更加方便。

1. 移动框与内容

在工具箱中选择【选择工具】 ▶，选择一张图片，当鼠标指针变为 ▶ 时，按住鼠标将其拖曳到任意位置，释放鼠标后，即可完成移动框与内容的操作，如图4-69所示。

图4-69　移动图片

💬 提　示

在工具箱中选择【选择工具】，选择图片时周围会出现由8个空心锚点组成的框架，这是定界框。设计师拖曳任意一个锚点只能改变图形框的大小，而框里的内容不发生变化，这种方法可以用来遮挡图片，即显示图片某一部分，而将另一部分隐藏起来，这样就不需要回到图像处理软件中进行图像裁切。

2. 移动内容

在工具栏中选择【直接选择工具】，将鼠标指针移至要调整的图片上，当光标变为时，可以将图片在图形框的范围内移动，如图4-70所示。

图4-70　移动内容

4.1.5　调整图片大小

设计师在排版时，会根据版面的大小来修改图片的尺寸，以达到所需的效果。下面将介绍调整图片大小的操作步骤。

01 启动软件，新建一个【宽度】、【高度】分别为365毫米、243毫米的文档，按Ctrl+D组合键，在弹出的对话框中选择"素材\Cha04\素材08.jpg"素材文件，单击【打开】按钮，在空白位置处单击鼠标，将选中的素材文件置入文档，如图4-71所示。

02 在控制栏中将W、H分别设置为365毫米、243毫米，并调整其位置，如图4-72所示。

图4-71　将素材文件置入文档

图4-72　设置W、H参数

03 在调整的素材文件上单击鼠标右键，在弹出的快捷菜单中选择【适合】|【使内容适合框架】命令，如图4-73所示。

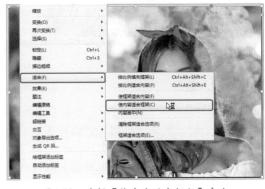

图4-73　选择【使内容适合框架】命令

04 执行该操作后，即可完成调整图片的大小的操作，效果如图4-74所示。

除了上述方法外，还可以在控制栏中通过设置【X缩放百分比】、【Y缩放百分比】来调整图片大小，或者在菜单栏中选择【窗口】|【对

象和版面】|【变换】命令，在打开的【变换】面板中通过设置参数来调整图片大小。

图4-74　调整图片大小后的效果

🏷 提 示

按住 Ctrl 键不放，用【选择工具】拖曳右下角的空心锚点，可以将图形框与内容一起拉伸或压扁，如图 4-75 所示。

图4-75　调整图片

按住 Ctrl+Shift 组合键不放，用【选择工具】拖曳右下角的空心锚点，可以将图形框与内容一起等比例缩小或放大，如图 4-76 所示。

图4-76　调整图片

4.1.6　翻转和旋转图片

在 InDesign CC 2018 中根据排版的需要，可以将图片进行水平垂直翻转以及各个角度的旋转，满足设计师的各种要求。下面讲解如何对图片进行翻转和旋转。

1. 翻转

下面介绍翻转图片的操作步骤。

01 启 动 InDesign CC 2018 软 件， 按

Ctrl+O 组合键，在弹出的对话框中选择"素材\Cha04\翻转 .indd"素材文件，单击【打开】按钮，即可将选中的素材文件打开，如图 4-77 所示。

图4-77　打开的素材文件

02 在文档窗口中选择要翻转的图片，单击鼠标右键，在弹出的快捷菜单中选择【变换】|【水平翻转】命令，如图 4-78 所示。

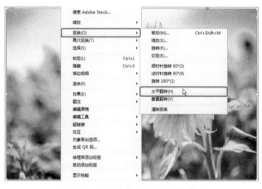

图4-78　选择【水平翻转】命令

03 执行该操作后，即可将选中的图片进行翻转，效果如图 4-79 所示。

图4-79　翻转图片后的效果

除了上述方法外，还可以在选中要翻转的图片后，在【变换】面板中单击 ≡ 按钮，在弹出的下拉菜单中选择【水平翻转】或【垂直翻转】命令，如图4-80所示。

图4-80　在下拉菜单中选择【水平翻转】或【垂直翻转】命令

2. 旋转

在 InDesign CC 2018 中，设计师可以通过使用【旋转工具】、在菜单栏中选择【对象】|【变换】|【旋转】命令、在菜单栏中选择【窗口】|【对象和版面】|【变换】命令打开【变换】面板这3种方法对图片进行旋转，下面分别讲解操作过程。

① 旋转角度与旋转工具。

使用【旋转角度】参数与【旋转工具】旋转图片的操作步骤如下。

01 启动 InDesign CC 2018 软件，按 Ctrl+O 组合键，在弹出的对话框中选择"素材 \Cha04\翻转 .indd"素材文件，单击【打开】按钮，将选中的素材文件打开，效果如图 4-81 所示。

图4-81　打开的素材文件

02 在文档窗口中选择要进行旋转的对

象，在控制栏中将【旋转角度】设置为 50°，如图 4-82 所示。

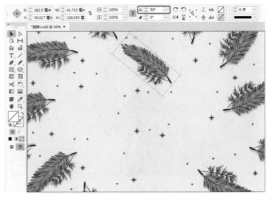

图4-82　设置【旋转角度】参数

03 在工具箱中单击【椭圆工具】按钮，在文档窗口中按住 Shift 键绘制一个正圆形，将【填色】设置为黑色，取消【描边】，在控制栏中将 W、H 均设置为 7.9 毫米，将 X、Y 分别设置为 182 毫米、122.5 毫米，如图 4-83 所示。

图4-83　绘制正圆形

04 选中上面所旋转的对象，在工具箱中单击【旋转工具】按钮 ，此时图片中心会出现 ✛ 图标。在椭圆的中心单击鼠标，可以将原点定在该位置上，图片将以此点为原点进行旋转。在工具箱中双击【旋转工具】 ，在弹出的对话框中将【角度】设置为 60°，如图 4-84 所示。

05 设置完成后，单击【复制】按钮，即可对选中的对象进行复制旋转，效果如图 4-85 所示。

06 使用同样的方法继续进行复制旋转，然后将绘制的椭圆形选中，按 Delete 键删除，效果如图 4-86 所示。

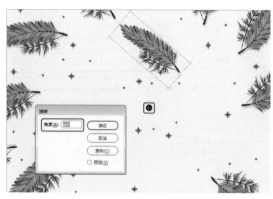

图4-84 设置原点与旋转角度

图4-85 复制旋转后的效果

图4-86 继续复制旋转后的效果

②【旋转】对话框。

下面将介绍使用【旋转】对话框旋转对象的操作步骤。

01 继续上面的操作，按 Ctrl+D 组合键，在弹出的对话框中选择"素材 \Cha04\ 素材 12.png"素材文件，如图 4-87 所示。

02 单击【打开】按钮，在空白位置单击鼠标，将选中的素材文件置入文档，并调整其

位置，效果如图 4-88 所示。

图4-87 选择素材文件

图4-88 将素材置入文档

03 选中置入的素材文件，在菜单栏中选择【对象】|【变换】|【旋转】命令，如图 4-89 所示。

图4-89 选择【旋转】命令

04 在弹出的对话框中将【角度】设置为

13°，如图4-90所示。设置完成后，单击【确定】按钮即可。

图4-90　设置旋转角度

③【变换】面板。

在菜单栏中选择【窗口】|【对象和版面】|【变换】命令，打开【变换】面板；单击【变换】面板中的 ≡ 按钮，在弹出的下拉列表中包含了【顺时针旋转90°】、【逆时针旋转90°】、【旋转180°】3种选择，可以选中任意一个命令对选中对象进行旋转，如图4-91所示；还可以在【变换】面板中通过设置【旋转角度】参数来调整选中对象的旋转角度。

图4-91　旋转命令

4.1.7　投影

在 InDesign CC 2018 中为图片添加阴影效果，可以使图片在版面中更具立体感。设置投影的操作步骤如下。

01 在文档窗口中选择要添加投影的图片，在菜单栏中选择【对象】|【效果】|【投影】命令，如图4-92所示。

图4-92　选择【投影】命令

02 在弹出的对话框中将【阴影颜色】的 RGB 值设置为208、18、27，将【不透明度】设置为56%，将【距离】设置为2毫米，将【大小】设置为1.5毫米，如图4-93所示。

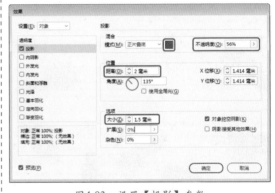

图4-93　设置【投影】参数

03 设置完成后，单击【确定】按钮，即可为选中的图片添加投影效果，如图4-94所示。

图4-94　添加投影后的效果

4.1.8　角选项

在 InDesign CC 2018 中对图片进行角选项处理，可以使图片边缘变得更加丰富，效果不再单一。设置角选项的操作步骤如下。

01 启动软件，按 Ctrl+O 组合键，在弹出的对话框中选择"素材\Cha04\角效果.indd"素材文件，单击【打开】按钮，将选中的素材文件打开，效果如图 4-95 所示。

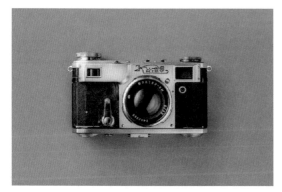

图4-95　打开的素材文件

02 打开素材文件后，在菜单栏中选择【窗口】|【对象和版面】|【路径查找器】命令，如图 4-96 所示。

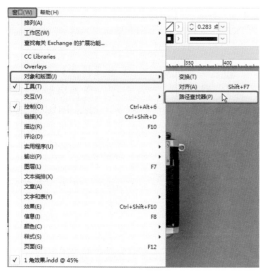

图4-96　选择【路径查找器】命令

03 在文档窗口中选择要调整的图片，在【路径查找器】面板中选择要转换的形状，如图 4-97 所示。

图4-97　选择要转换的形状

04 继续选中该图片，在菜单栏中选择【对象】|【角选项】命令，如图 4-98 所示。

图4-98　选择【角选项】命令

05 执行该操作后，即可打开【角选项】对话框，将转角大小设置为 60 毫米，将形状设置为花式，如图 4-99 所示。

图4-99　设置转角大小及形状

06 设置完成后，单击【确定】按钮，即可完成设置，效果如图4-100所示。

图4-100　设置角选项后的效果

4.2 制作饮品店菜单——页面处理

饮品是指以水为基本原料，由不同的配方和制造工艺生产出来，供人们直接饮用的液体食品。饮料除提供水分外，由于在不同品种的饮品中含有不等量的糖、酸、乳以及各种氨基酸、维生素、无机盐等营养成分，因此有一定的营养。本案例将介绍如何制作饮品店菜单，效果如图4-101所示。

图4-101　饮品店菜单

素材	素材\Cha04\冷饮店01.png~冷饮店04.png、标题.png、冰激凌.png、果汁.png、咖啡.png、奶茶.png
场景	场景\Cha04\制作饮品店菜单——页面处理.indd
视频	视频教学\Cha04\4.2　制作饮品店菜单——页面处理.mp4

01 启动InDesign CC 2018软件，按Ctrl+N组合键，在弹出的对话框中将【宽度】、【高度】分别设置为210毫米、297毫米，将【页面】设置为1，如图4-102所示。

图4-102　设置新建文档参数

02 单击【边距和分栏】按钮，在弹出的对话框中将【上】、【下】、【内】、【外】均设置为0毫米，如图4-103所示。

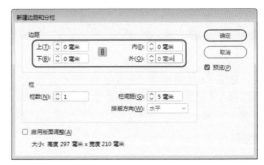

图4-103　设置边距参数

03 设置完成后，单击【确定】按钮，在【页面】面板中单击≡按钮，在弹出的下拉菜单中选择【新建主页】命令，如图4-104所示。

图4-104　选择【新建主页】命令

04 在弹出的对话框中使用其默认设置，如图4-105所示。

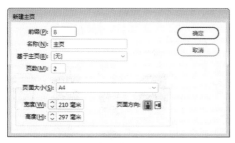

图4-105 【新建主页】对话框

05 单击【确定】按钮。在工具箱中单击
【矩形工具】按钮 ▢，在文档窗口中绘制一个
矩形，在控制栏中将 W、H 分别设置为 195 毫
米、284 毫米，在【颜色】面板中将【填色】的
CMYK 值设置为 0、76、39、0，将【描边】设置
为无，并调整其位置，效果如图 4-106 所示。

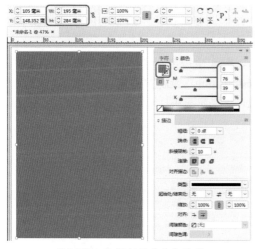

图4-106 绘制矩形并进行设置

06 在工具箱中单击【选择工具】按钮
▶，在文档窗口中选择绘制的矩形，按住
Shift+Alt 组合键将选中的矩形向右进行拖动，
在合适的位置处释放鼠标，对其进行复制，效
果如图 4-107 所示。

图4-107 复制矩形后的效果

07 在【页面】面板中双击页面 1，然后
选中页面 1，单击鼠标右键，在弹出的快捷
菜单中选择【将主页应用于页面】命令，如
图 4-108 所示。

图4-108 选择【将主页应用于页面】命令

08 在弹出的对话框中将【应用主页】设
置为 B- 主页，如图 4-109 所示。

图4-109 设置要应用的主页

09 设置完成后，单击【确定】按钮，继
续选中页面 1，单击鼠标右键，在弹出的快捷
菜单中选择【直接复制跨页】命令，如图 4-110
所示。

图4-110 选择【直接复制跨页】命令

10 执行该操作后，即可对页面进行复

制。选择页面 2，单击鼠标右键，在弹出的快捷菜单中选择【允许文档页面随机排布】命令，如图 4-111 所示。

图4-111　选择【允许文档页面随机排布】命令

11 在【页面】面板中选择页面 2，按住鼠标将其拖曳至页面 1 的右侧，完成调整，效果如图 4-112 所示。

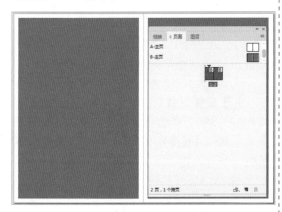

图4-112　调整页面后的效果

12 按 Ctrl+D 组合键，在弹出的对话框中选择"素材 \Cha04\ 冷饮店 01.png"素材文件，如图 4-113 所示。

疑难解答　为什么置入的图片会特别模糊？

在使用InDesign插入图片时，经常会发现，高清图片置入文档后，图片会显示模糊，且图片质量越高，模糊度越大，这是怎么回事呢？这其实是InDesign为了保持更快的运行速度而对图片采取的一种处理手段，如果想要将图片恢复清晰度，只需要在视图中调整即可。

当置入图片后，在菜单栏中选择【视图】|【显示性能】命令，在弹出的子菜单中选择【高质量】命令，执行该操作后，即可使图片清晰显示。

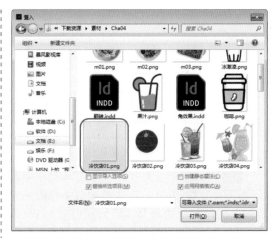

图4-113　选择素材文件

13 单击【打开】按钮，在空白位置处单击鼠标，将选中的素材文件置入文档，在文档窗口中调整其位置，调整后的效果如图 4-114 所示。

14 使用同样的方法将"素材 \Cha04\ 冷饮店 02.png"素材文件置入文档，并调整其位置，效果如图 4-115 所示。

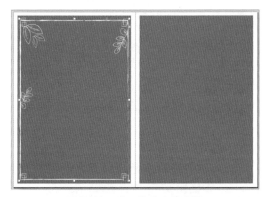

图4-114　置入图片后的效果

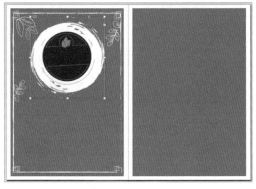

图4-115　置入"冷饮店02.png"素材文件

15 根据前面所介绍的方法，将"标题.png"、"冷饮店03.png"素材文件置入文档，并调整其位置，效果如图4-116所示。

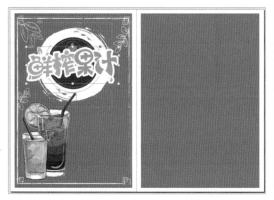

图4-116　置入素材文件

16 在工具箱中单击【文字工具】按钮 T，绘制一个文本框，输入文字。选中输入的文字，在【字符】面板中将【字体】设置为汉仪书魂体简，将【字体大小】设置为30点，将【字符间距】设置为5，在【颜色】面板中将【填色】的CMYK值设置为0、0、0、0，如图4-117所示。

图4-117　输入文字并进行设置

17 在工具箱中单击【钢笔工具】按钮，在文档窗口中绘制图形，在【颜色】面板中将【填色】的CMYK值设置为6、5、5、0，将【描边】设置为无，如图4-118所示。

18 在工具箱中单击【文字工具】按钮 T，绘制一个文本框，输入文字。选中输入的文字，在【字符】面板中将【字体】设置为微软雅黑，将【字体大小】设置为17.5点，将【字符间距】设置为-25，在【颜色】面板中将

【填色】的CMYK值设置为13、96、16、0，如图4-119所示。

图4-118　绘制图形

图4-119　输入文字并进行设置

19 根据前面所介绍的方法创建如图4-120所示的文字与图形，并对其进行相应的设置。

图4-120　创建文字与图形后的效果

20 在工具箱中单击【矩形工具】按钮

▣，在文档窗口中绘制一个矩形，在控制栏中将 W、H 分别设置为 176 毫米、268 毫米，在【颜色】面板中将【填色】的 CMYK 值设置为 0、0、0、0，在【描边】面板中将【粗细】设置为 3 点，如图 4-121 所示。

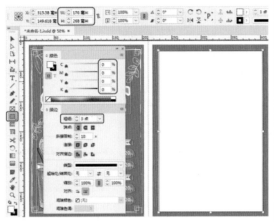

图4-121　绘制矩形并进行设置

21 在工具箱中单击【钢笔工具】按钮，在文档窗口中绘制图形，在【颜色】面板中将【填色】的 CMYK 值设置为 0、85、87、0，将【描边】设置为无，如图 4-122 所示。

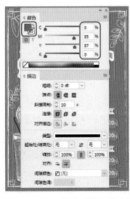

图4-122　绘制图形并进行设置

22 使用【钢笔工具】再次在文档窗口中绘制图形，在【颜色】面板中将【填色】的 CMYK 值设置为 10、10、10、80，将【描边】设置为无，如图 4-123 所示。

23 选中绘制的矩形，单击鼠标右键，在弹出的快捷菜单中选择【排列】|【后移一层】命令，如图 4-124 所示。

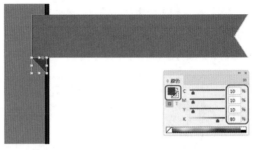

图4-123　再次绘制图形

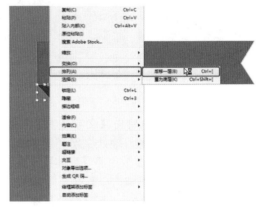

图4-124　选择【后移一层】命令

24 在工具箱中单击【文字工具】按钮，绘制一个文本框，输入文字。选中输入的文字，在【字符】面板中将【字体】设置为 Myriad Pro，将【字体系列】设置为 Semibold，将【字体大小】设置为 21 点，将【字符间距】设置为 0，在【颜色】面板中将【填色】的 CMYK 值设置为 0、0、0、0，如图 4-125 所示。

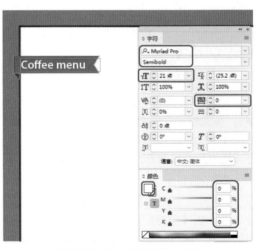

图4-125　输入文字并进行设置

25 按 Ctrl+D 组合键，在弹出的对话框中选择"素材 \Cha04\ 咖啡 .png"素材文件，单击【打开】按钮，在文档窗口的空白位置单击，将选中的素材文件置入文档，并调整其位置，效果如图 4-126 所示。

图4-126　置入素材文件

26 根据前面所介绍的方法创建其他图形与文字，并将相应的素材文件置入文档，效果如图 4-127 所示。

图4-127　创建其他图形与文字后的效果

4.2.1　页面的基本操作

在使用 InDesign 软件进行排版时，经常会使用多页文档，例如创建报纸、图书或目录等，这时就需要了解添加页面、复制页面、删除页面或移动页面等处理多页文档的方法。

1. 添加页面

下面来介绍添加页面的操作步骤。

01 在菜单栏中选择【文件】|【打开】命令，在弹出的对话框中选择"素材 \Cha04\ 页面基础操作 .indd"素材文件，单击【确定】按钮，如图 4-128 所示。

图4-128　打开的素材文件

02 在菜单栏中选择【窗口】|【页面】命令，打开【页面】面板，如图 4-129 所示。

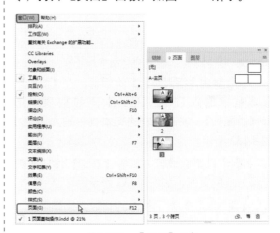

图4-129　【页面】面板

03 在【页面】面板的底部单击【新建页面】按钮，即可添加一个新的页面，如图 4-130 所示。

04 也可以单击【页面】面板右上角的按钮，在弹出的下拉菜单中选择【插入页面】命令，如图 4-131 所示。

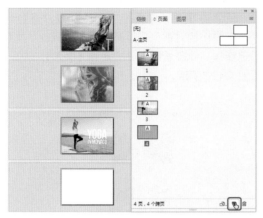

图4-130　单击【新建页面】按钮新建页面

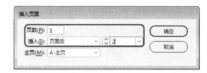

图4-132　【插入页面】对话框

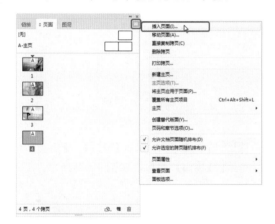

图4-131　选择【插入页面】命令

图4-133　添加的新页面

05 弹出【插入页面】对话框，在【页数】文本框中输入1，在【插入】下拉列表中选择【页面后】，并在右侧的文本框中输入2，如图4-132所示。

06 设置完成后，单击【确定】按钮，即可添加新的页面，如图4-133所示。

【插入页面】对话框中的参数介绍如下。

- 【页数】：在文本框中输入数值，可以添加相应的页数。
- 【插入】：在该下拉列表中可以选择【页面后】、【页面前】、【文档开始】或【文档末尾】选项，然后在右侧的文本框中指定要插入页面的位置。该选项主要用来调整插入页面在当前选择页面或整个页面中的位置。
- 【主页】：用来控制插入的页面是否需要应用主页背景。

提示

在菜单栏中选择【版面】|【页面】|【添加页面】命令或按Shift+Ctrl+P组合键，可以添加一个新页面；在菜单栏中选择【版面】|【页面】|【插入页面】命令，也可以弹出【插入页面】对话框。

2. 复制页面

在【页面】面板中单击并拖动页面图标至目标文档中，即可以将一个文档中的页面复制到另一个文档中，也可以在当前文档内部复制页面。

复制页面的方法有两种，一种是使用【页面】面板中的按钮进行复制，另一种就是在下拉菜单中选择相应的命令进行复制，具体的操作步骤如下。

01 继续上面的操作，在【页面】面板中选择需要复制的页面，然后将选择的页面拖动到【新建页面】按钮上，如图4-134所示。

02 释放鼠标后，即可复制该页面，效果如图4-135所示。

03 还可以在【页面】面板中选择需要复制的页面后，单击面板右上角的按钮，在弹出的下拉菜单中选择【直接复制跨页】命令，如图4-136所示。

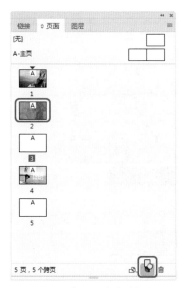

图4-134 将页面拖动到按钮上

图4-135 复制页面后的效果

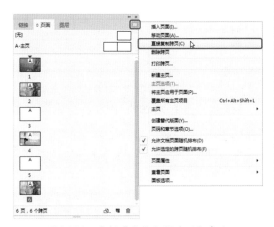

图4-136 选择【直接复制跨页】命令

04 执行该操作后，即可复制该页面，效果如图 4-137 所示。

图4-137 复制页面后的效果

3.删除页面

在 InDesign CC 2018 中提供了多种删除页面的方法。

- 在【页面】面板中选择一个或多个页面，然后单击面板中的【删除选中页面】按钮 🗑 ，即可删除选择的页面。
- 在【页面】面板中选择一个或多个页面，将其拖动到【删除选中页面】按钮 🗑 上，可以删除选择的页面。
- 在【页面】面板中选择一个或多个页面，单击【页面】面板右上角的 ≡ 按钮，在弹出的下拉列表中选择【删除跨页】命令，如图 4-138 所示，可删除选择的页面。

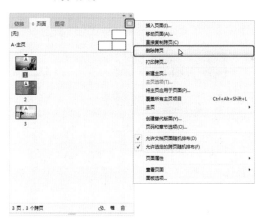

图4-138 选择【删除跨页】命令

- 在菜单栏中选择【版面】|【页面】|【删除页面】命令，如图4-139所示。弹出【删除页面】对话框,如图4-140所示。在【删

除页面】文本框中输入要删除的页面，然后单击【确定】按钮，即可将指定的页面删除。

令，如图 4-143 所示。在弹出的【移动页面】对话框中进行设置即可，如图 4-144 所示。

图4-139　选择【删除页面】命令

图4-140　【删除页面】对话框

4. 移动页面

在【页面】面板中选择需要移动的页面，然后将选择的页面拖动到需要移动到的位置处，如图 4-141 所示。释放鼠标后，即可移动页面，效果如图 4-142 所示。

图4-141　选择并拖动页面

还可以单击【页面】面板右上角的 ≡ 按钮，在弹出的下拉菜单中选择【移动页面】命

图4-142　移动页面

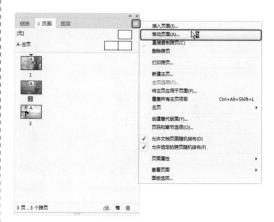

图4-143　选择【移动页面】命令

图4-144　【移动页面】对话框

【移动页面】对话框中的各个选项功能如下。

- 【移动页面】：在该文本框中输入需要移动的页面。

- 【目标】：在该下拉列表中可以选择【页面后】、【页面前】、【文档开始】或【文档末尾】选项，然后在右侧的文本框中指定目标页面。

- 【移至】：如果在 InDesign CC 2018 中

打开了多个文档，在移动页面时可以将一个文档中的页面移动到另一个文档中。该选项主要用来指定要将页面移动到哪个文档中。

5. 调整跨页页数

在 InDesign CC 2018 中还可以根据需要调整跨页的页数，具体的操作步骤如下。

01 继续打开"素材\Cha04\页面基础操作.indd"素材文件，如图 4-145 所示。

图4-145　打开的素材文件

02 单击【页面】面板右上角的 ≡ 按钮，在弹出的下拉列表中取消选中【允许选定的跨页随机排布】命令，如图 4-146 所示。

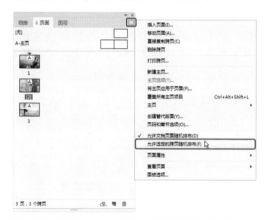

图4-146　取消选中【允许选定的跨页随机排布】命令

03 在【页面】面板中选择页面 3，按住鼠标将其拖曳至页面 2 的右侧，如图 4-147 所示。

图4-147　选择并拖动页面3

04 然后释放鼠标，调整跨页页数后的效果如图 4-148 所示。

图4-148　调整跨页页数后的效果

4.2.2　调整页面版面和对象

如果创建的文档页面大小有错误，那么手动调整文档中所有对象的大小和位置会非常麻烦。InDesign CC 提供了一种特别方便的方法，用户在修改文档页面大小时使用此方法会自动调整页面中对象的大小并重新放置对象。

调整版面的操作如下。

在菜单栏中选择【版面】|【自适应版面】命令，在弹出的面板中单击 ≡ 按钮，在弹出的下拉菜单中选择【版面调整】命令，如图 4-149 所示。执行该操作后，即可弹出【版面调整】对话框，使用该对话框可以对页面版面和对象进行调整。在【版面调整】对话框中勾选【启用版面调整】复选框，即可启用版面调整，以便在修改页面大小、方向、边距或分栏时自动调整对象的大小，如图 4-150 所示。

图4-149 选择【版面调整】命令

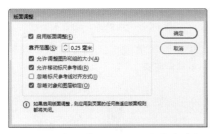

图4-150 勾选【启用版面调整】复选框

在【靠齐范围】文本框中可以输入离对象边缘的距离,在执行版面调整时将自动靠齐参考线。对象的左右两端都需要在靠齐范围内,这样在调整页面大小时才会起作用。

如果勾选【允许调整图形和组的大小】复选框,则在执行版面调整时可以让 InDesign 自动调整对象的大小。如果不勾选此复选框,InDesign 只会移动对象但不调整其大小。

如果勾选【允许移动标尺参考线】复选框,则可以让 InDesign 根据新页面的大小按比例调整标尺参考线的位置。通常情况下,标尺参考线的放置与边距和页面边缘相关,因此就需要勾选该复选框。

如果勾选【忽略标尺参考线对齐方式】复选框,则在版面调整期间调整对象的位置时,InDesign 会忽略标尺参考线。如果在版面调整期间认为对象可能会靠齐不该靠齐的参考线,就勾选该复选框。如果勾选了该复选框,InDesign 依然会让对象边缘靠齐其他边距和分栏参考线。

如果勾选【忽略对象和图层锁定】复选框,可以在 InDesign 中移动被锁定的图层和对象。否则,不会调整被锁定的对象。

设置完成后单击【确定】按钮即可。

在使用 InDesign CC 2018 中的【版面调整】功能时,需要注意以下情况。

- 如果修改页面大小,边距宽度保持不变,分栏参考线和标尺参考线就会按比例被重新配置为新的大小。
- 如果修改分栏的数量,就会相应添加或删除分栏参考线。
- 如果在版面调整前一个对象边缘与参考线对齐,在调整后它还会保持与参考线对齐。如果一个对象的两边或更多边与参考线对齐,对象就会重新调整大小,这样在版面调整后边缘保持与参考线对齐。
- 如果使用了边距、分栏和标尺参考线在页面上放置对象,版面调整会比在页面上随便放置对象或标尺参考线更有效。
- 在修改文档页面大小、边距和分栏时检查文本分页。减小文档的页面大小可能会导致文本溢出尺寸已经变小的文本框架。
- 在调整完成后需要全面检查文档页面。

4.2.3 使用主页

主页相当于一个可以应用到许多页面上的背景。主页上的对象将会显示在应用该主页的所有页面上。本节将主要介绍创建主页,复制主页、应用主页、删除主页和载入主页等方法。

1. 创建主页

在 InDesign 中创建主页的方法有两种,一种是使用【新建主页】对话框创建主页,另一种就是以现有跨页为基础创建主页。

① 使用【新建主页】对话框创建主页。

01 单击【页面】面板右上角的 ≡ 按钮,在弹出的下拉菜单中选择【新建主页】命令,如图 4-151 所示。

02 弹出【新建主页】对话框,在该对话框中使用默认设置,单击【确定】按钮即可,如图 4-152 所示。

图4-151　选择【新建主页】命令

图4-152　【新建主页】对话框

【新建主页】对话框中参数介绍如下。

- 前缀：用来标识【页面】面板中的各个页面所应用的主页，最多可以输入 4 个字符。
- 【名称】：输入主页跨页的名称。
- 【基于主页】：选择一个要以其作为此主页跨页的基础的现有主页跨页或选择【无】。
- 【页数】：输入一个值作为主页跨页中要包含的页数。

03 即可创建新的主页，效果如图 4-153 所示。

② 以现有页面为基础创建主页。

01 继续上面的操作，在【页面】面板中选择需要的页面，如图 4-154 所示。

02 按住鼠标左键将其拖曳到【主页】部分，如图 4-155 所示。

03 松开鼠标，将以现有页面为基础创建主页，效果如图 4-156 所示。

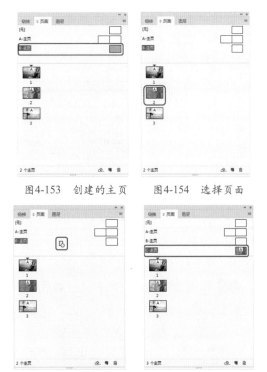

图4-153　创建的主页　　图4-154　选择页面

图4-155　将页面拖曳到【主页】部分　　图4-156　以现有页面为基础创建主页

> **提　示**
>
> 在【页面】面板中选择需要的页面，单击【页面】面板右上角的 ☰ 按钮，在弹出的下拉菜单中选择【主页】|【存储为主页】命令，如图 4-157 所示，可以将选择的页面创建为主页。

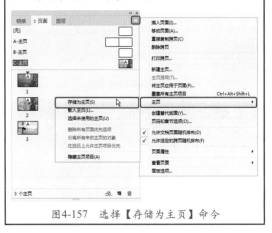

图4-157　选择【存储为主页】命令

2. 复制主页

下面来介绍复制主页的操作步骤。

01 在【页面】面板中的主页部分选择【A-主页】，然后单击右上角的 ☰ 按钮，在弹出的下拉菜单中选择【直接复制主页跨页"A-主页"】命令，如图4-158所示。

图4-158 选择【直接复制主页跨页"A-主页"】命令

02 即可复制一个新主页，如图4-159所示。

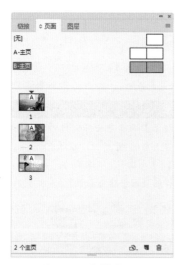

图4-159 复制的主页

🏷 提 示

在【页面】面板中选择需要复制的主页，然后将其拖曳到【新建页面】按钮 🔳 上，释放鼠标后也可复制一个新主页。

3. 应用主页

下面将介绍应用主页的操作步骤。

01 启动软件，按Ctrl+N组合键，在弹出的对话框中将【宽度】、【高度】分别设置为210毫米、297毫米，将【页面】设置为4，勾选【对页】复选框，如图4-160所示。

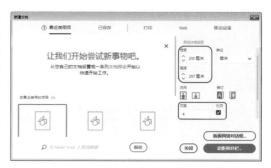

图4-160 设置新建文档参数

02 设置完成后，单击【边距和分栏】按钮，在弹出的对话框中将【上】、【下】、【内】、【外】均设置为0毫米，如图4-161所示。

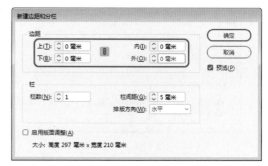

图4-161 设置边距参数

03 设置完成后，单击【确定】按钮，在【页面】面板中单击右上角的 ≡ 按钮，在弹出的下拉菜单中选择【新建主页】命令，如图4-162所示。

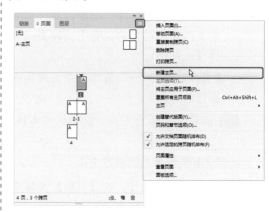

图4-162 选择【新建主页】命令

04 在弹出的对话框中使用其默认设置，如图4-163所示。

05 设置完成后，单击【确定】按钮。按Ctrl+D组合键，在弹出的对话框中选择"素

材 \Cha04\ 背景图片 -1.jpg" 素材文件，如图 4-164 所示。

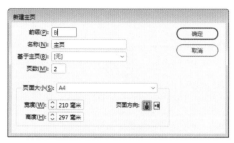

图4-163 【新建主页】对话框

图4-164 选择素材文件

06 单击【打开】按钮，在文档窗口中调整图像框架的大小，如图 4-165 所示。

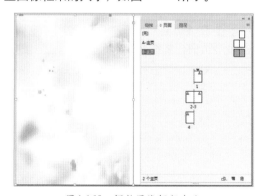

图4-165 调整图像框架大小

07 选择插入的图像，单击鼠标右键，在弹出的快捷菜单中选择【适合】|【使内容适合框架】命令，如图 4-166 所示。

08 使用同样的方法在图像右侧置入"背景图片 -2.jpg"素材文件，效果如图 4-167 所示。

图4-166 选择【使内容适合框架】命令

图4-167 置入素材文件

09 在【页面】面板中双击页面 1，在【页面】面板中的主页部分选择需要的主页，如图 4-168 所示。

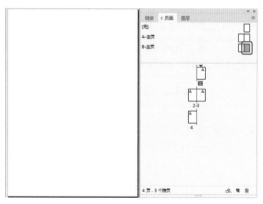

图4-168 选择需要的主页

10 将其拖曳到要应用主页的页面上，如图 4-169 所示。

11 当页面上显示出黑色矩形框时，释放鼠标，即可将主页应用到页面上，如图 4-170 所示。

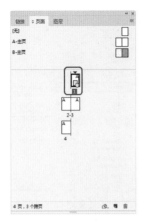

图4-169　将主页拖曳到页面上

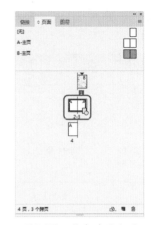

图4-172　拖曳跨页主页

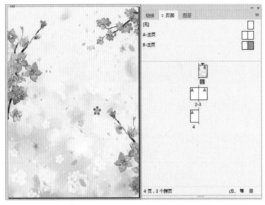

图4-170　将主页应用于页面后的效果

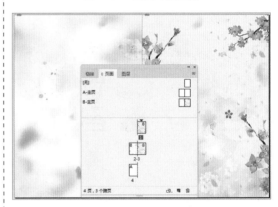

图4-173　将主页应用到跨页上

在【页面】面板中的主页部分选择需要的
跨页主页，如图4-171所示；然后将其拖曳到
要应用主页的跨页角点上，如图4-172所示。
当跨页上显示出黑色矩形框时，释放鼠标，即
可将主页应用到跨页上，如图4-173所示。

在 InDesign CC 2018 中，还可以将主页应
用到多个页面上，具体的操作步骤如下。

01 在【页面】面板中同时选择要应用主
页的多个页面，如图4-174所示。

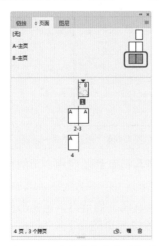

图4-171　选择需要的跨页主页

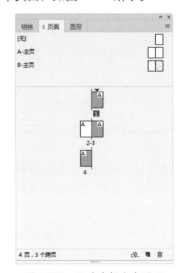

图4-174　同时选择多个页面

02 按住 Alt 键单击要应用的主页，即可将主页应用到多个页面，如图 4-175 所示。

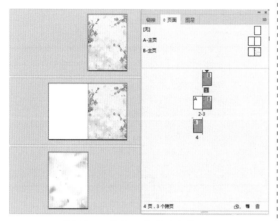

图4-175 将主页应用到多个页面

4. 删除主页

在 InDesign 中可以将不需要的主页删除，具体的操作步骤如下。

01 在【页面】面板中选择【A- 主页】，单击右上角的 ≡ 按钮，在弹出的下拉菜单中选择【删除主页跨页"A- 主页"】命令，如图 4-176 所示。

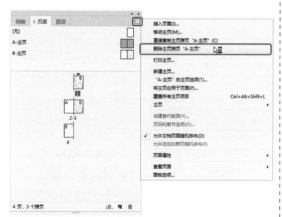

图4-176 选择【删除主页跨页"A-主页"】命令

02 当【A- 主页】被应用时，则会弹出提示对话框，询问是否将选中的主页删除。单击【确定】按钮，即可将选择的【A- 主页】删除，效果如图 4-177 所示。

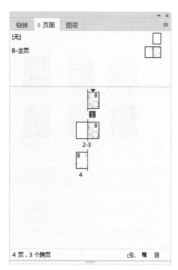

图4-177 删除主页后的效果

5. 载入主页

在 InDesign 中可以将其他文档中的主页载入当前文档中，具体的操作步骤如下。

01 单击【页面】面板右上角的 ≡ 按钮，在弹出的下拉菜单中选择【主页】|【载入主页】命令，如图 4-178 所示。

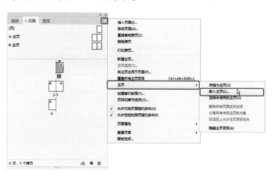

图4-178 选择【载入主页】命令

02 弹出【打开文件】对话框，在该对话框中选择"素材 17.indd"文档，如图 4-179 所示。

03 单击【打开】按钮，弹出【载入主页警告】对话框，单击【重命名主页】按钮，如图 4-180 所示。

04 即可将选择的文档中的主页载入当前文档中，【页面】面板的效果如图 4-181 所示。

图4-179　选择素材文件

图4-180　单击【重命名主页】按钮

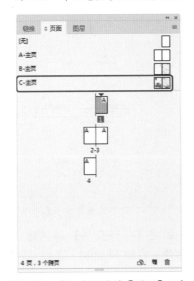

图4-181　载入主页后的【页面】面板

6. 编辑主页选项

对于创建完成的主页，用户还可以根据需要对其进行编辑，如更改主页的前缀、名称和页数等，具体的操作步骤如下。

01 在【页面】面板中选择【A-主页】，如图 4-182 所示。

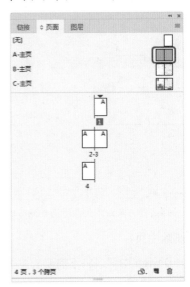

图4-182　选择【A-主页】

02 单击【页面】面板右上角的 ≡ 按钮，在弹出的下拉菜单中选择【"A-主页"的主页选项】命令，如图4-183 所示。

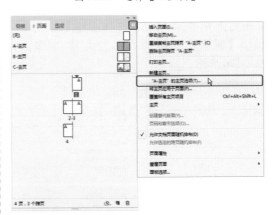

图4-183　选择【"A-主页"的主页选项】命令

03 弹出【主页选项】对话框，在该对话框中将【前缀】设置为 S，将【页数】设置为3，如图 4-184 所示。

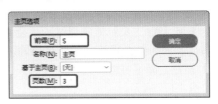

图4-184　【主页选项】对话框

04 设置完成后单击【确定】按钮，效果如图 4-185 所示。

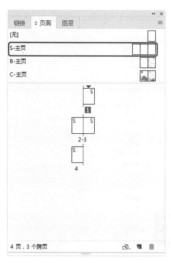

图4-185　编辑主页后的效果

4.2.4　编排页码和章节

编排页码和章节是排版最基本的操作。在本节中将介绍添加自动页码、编辑页码和章节的方法。

1. 添加自动页码

为页面添加自动页码是一个排版软件最基本的功能，具体的操作步骤如下。

01 打开"素材 \Cha04\ 素材 22.indd"素材文件，然后在【页面】面板中双击【A- 主页】，使主页在文档窗口中显示出来，如图 4-186 所示。

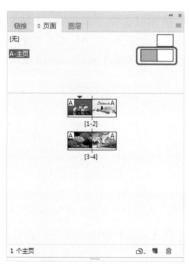

图4-186　双击【A-主页】

02 在工具箱中选择【文字工具】 T ，然后在主页左页的左下角绘制一个文本框，如图 4-187 所示。

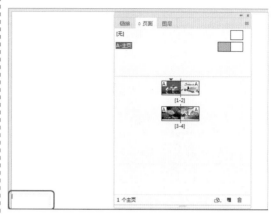

图4-187　绘制文本框

03 在菜单栏中选择【文字】|【插入特殊字符】|【标志符】|【当前页码】命令，如图 4-188 所示。

图4-188　选择【当前页码】命令

04 即可在文本框中显示出当前主页的页码，如图 4-189 所示。

05 使用【文字工具】 T 选择主页页码 A，然后在【字符】面板中将【字体】设置为 Lithos Pro，将【字体大小】设置为 15 点，如图 4-190 所示。

06 在工具箱中单击【椭圆工具】按钮 ○ ，在文档窗口中按住 Shift 键绘制一个圆形，在控制栏中将 W、H 均设置为 8 毫米，在【颜色】面板中将【填色】的 CMYK 值设置为

64、100、100、63，将【描边】设置为无，如
图4-191所示。

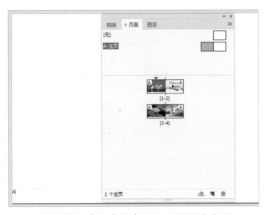

图4-189　在文本框中显示出主页的页码

图4-190　设置字体与大小

图4-191　绘制圆形并进行设置

07 使用【选择工具】选中绘制的圆形，
单击鼠标右键，在弹出的快捷菜单中选择【排

列】|【置为底层】命令，如图4-192所示。

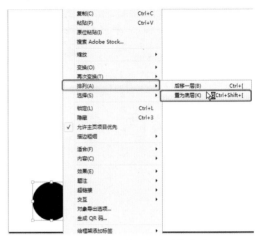

图4-192　选择【置为底层】命令

08 使用【文字工具】 T 选择主页页码
A，在【颜色】面板中将【填色】的CMYK值
设置为0、0、0、0，如图4-193所示。

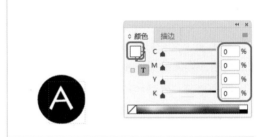

图4-193　设置文字填色

09 使用【选择工具】 选择文本框与
图形，然后在按住Ctrl+Alt组合键的同时向右
拖曳，将选中的对象拖动至主页的右页上，如
图4-194所示。

图4-194　复制文本与图形

10 在【页面】面板中双击页面1，此时，
即可在文档的页面中显示出页码来，效果如
图4-195所示。

图4-195 在页面中显示的页码

2. 编辑页码和章节

在默认情况下，书籍中的页码是连续编号的。但是通过使用【页码和章节选项】命令，可以将当前指定的页面重新开始页码或章节的编号，以及更改章节或页码编号样式等。

① 在文档中定义新章节。

01 继续上面的操作，在【页面】面板中选择要定义章节的页面，单击右上角的 ≡ 按钮，在弹出的下拉菜单中选择【页码和章节选项】命令，如图 4-196 所示。

图4-196 选择【页码和章节选项】命令

02 弹出【新建章节】对话框，在该对话框中将【编排页码】选项组中的【样式】设置为如图 4-197 所示的样式。

03 单击【确定】按钮，即可在【页面】面板中看到选择的页面图标上显示出一个倒黑三角，即章节指示符，表示新章节的开始，如图 4-198 所示。

② 编辑或删除章节。

01 继续上面的操作。在【页面】面板中双击页面 4 图标上方的章节指示符，如图 4-199 所示。

02 弹出【页码和章节选项】对话框，在

该对话框中将【起始页码】设置为 1，【编排页码】选项组中的【样式】设置为如图 4-200 所示的样式。

图4-197 设置样式

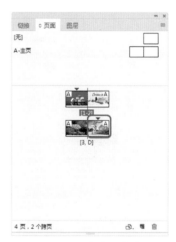

图4-198 新建的章节

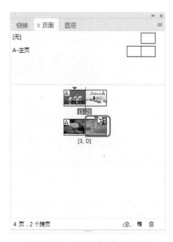

图4-199 双击章节指示符

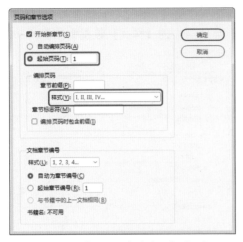

图4-200　【页码和章节选项】对话框

03 设置完成后单击【确定】按钮，修改章节页码后的效果如图 4-201 所示。

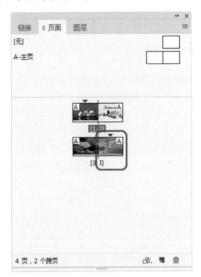

图4-201　修改章节页码后的效果

04 如果要将创建的章节删除，可以在【页面】面板中选择要删除的章节的第一页，然后单击右上角的 ≡ 按钮，在弹出的下拉菜单中选择【页码和章节选项】命令，如图4-202所示。

05 弹出【页码和章节选项】对话框，在该对话框中取消勾选【开始新章节】复选框，如图 4-203 所示。

06 单击【确定】按钮，即可将章节删除，效果如图4-204所示。

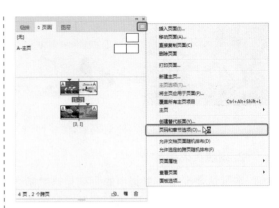

图4-202　选择【页码和章节选项】命令

图4-203　取消勾选【开始新章节】复选框

图4-204　删除章节后的效果

4.3 上机练习——火锅店菜谱折页

火锅不仅是美食，而且蕴含着饮食文化的内涵，为人们倍添雅趣。吃火锅时，男女老少、亲朋好友围着热气腾腾的火锅，把臂共话，举箸大啖，温情荡漾，洋溢着热烈融洽的气氛，适合了大团圆这一中国传统文化。本节将介绍如何制作火锅店菜谱折页，如图4-205所示。

图4-205 火锅店菜谱折页

素材	素材\Cha04\火锅背景.jpg、火锅素材01.png~火锅素材09.png、火锅素材10.jpg、火锅素材11.jpg、火锅素材12.jpg
场景	场景\Cha04\上机练习——火锅店菜谱折页.indd
视频	视频教学\Cha04\4.3 上机练习——火锅店菜谱折页.mp4

01 启动 InDesign CC 2018 软件，按 Ctrl+N 组合键，在弹出的对话框中将【宽度】、【高度】分别设置为 210 毫米、297 毫米，将【页面】设置为 2，勾选【对页】复选框，如图 4-206 所示。

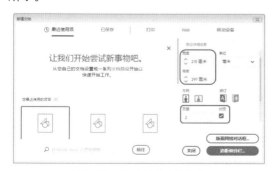

图4-206 设置新建文档参数

02 单击【边距和分栏】按钮，在弹出的对话框中将【上】、【下】、【内】、【外】均设置为 0 毫米，如图 4-207 所示。

图4-207 设置边距参数

03 设置完成后，单击【确定】按钮。在【页面】面板中选择页面 2，单击【页面】面板右上角的 ≡ 按钮，在弹出的下拉菜单中选择【允许选定的跨页随机排布】命令，如图 4-208 所示。

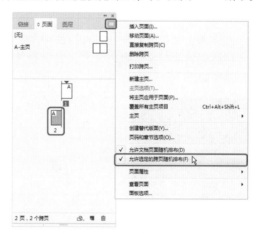

图4-208 选择【允许选定的跨页随机排布】命令

04 在【页面】面板中选择页面 1，按住鼠标将其拖曳至页面 2 的右侧，调整页面后的效果如图 4-209 所示。

图4-209 调整页面后的效果

05 在【页面】面板中双击【A- 主页】页面，按 Ctrl+D 组合键，在弹出的对话框中选择"素材 \Cha04\ 火锅背景 .jpg"素材文件，如图 4-210 所示。

图4-210　选择素材文件

06 单击【打开】按钮。在页面中单击鼠标，将选中的素材文件置入文档，并调整其位置，效果如图 4-211 所示。

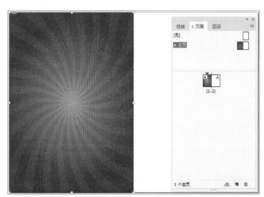

图4-211　将素材置入文档

07 在工具箱中单击【矩形工具】按钮 □，在文档窗口中绘制一个矩形，在【变换】面板中将 W、H 分别设置为 210 毫米、297 毫米，在【颜色】面板中将【填色】的 CMYK 值设置为 15、100、90、10，将【描边】设置为无，并调整矩形的位置，效果如图 4-212 所示。

08 再次使用【矩形工具】在文档窗口中绘制一个矩形，在【变换】面板中将 W、H 分别设置为 191 毫米、282 毫米，在【渐变】面板中将【类型】设置为【径向】，将左侧色标

的 CMYK 值设置为 0、0、10、0，将右侧色标的 CMYK 值设置为 0、10、20、0，在【描边】面板中将【粗细】设置为 0 点，如图 4-213 所示。

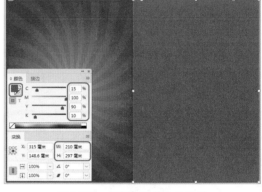

图4-212　绘制矩形并进行设置

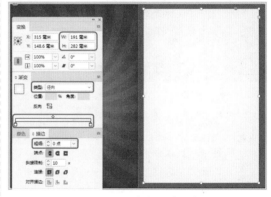

图4-213　再次绘制矩形并进行设置

疑难解答 为什么无法在【渐变】面板中设置颜色参数？

在【渐变】面板中只提供了渐变类型、位置、角度等参数设置，若需要对渐变颜色进行设置，可以选中色标后，在【颜色】面板中对颜色参数进行设置。

09 继续选中绘制的矩形，在【路径查找器】面板中单击【斜面矩形】按钮 ○，如图 4-214 所示。

10 设置完成后，在【页面】面板中双击页面 1，按 Ctrl+D 组合键，在弹出的对话框中选择"素材 \Cha04\ 火锅素材 01.png"素材文件，如图 4-215 所示。

11 单击【打开】按钮，在文档窗口中单击鼠标，将选中的素材文件置入文档，并调整其位置，效果如图 4-216 所示。

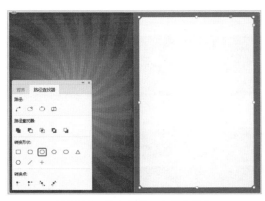

图4-214 单击【斜面矩形】按钮

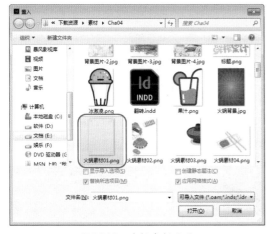

图4-215 选择素材文件

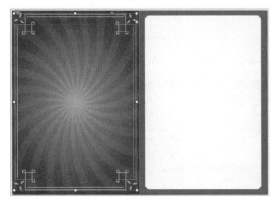

图4-216 添加素材文件

12 使用同样的方法将"火锅素材
02.png""火锅素材 03.png""火锅素材 04.png"
素材文件置入文档,并调整素材文件的位置,
效果如图 4-217 所示。

13 在工具箱中单击【矩形工具】按钮 □,
在文档窗口中绘制一个矩形,在【颜色】面板

中将【填色】的 CMYK 值设置为 13、33、59、
0,将【描边】设置为无,在【变换】面板中将
W、H 设置为 70 毫米、283 毫米,并调整其位
置,效果如图 4-218 所示。

图4-217 置入其他素材文件

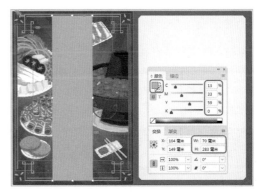

图4-218 绘制矩形并进行设置

14 使用【矩形工具】在文档窗口中绘制
一个矩形,在【变换】面板中将 W、H 分别设
置为 62 毫米、275 毫米,在【颜色】面板中
将【描边】的 CMYK 值设置为 0、0、0、0,
在【描边】面板中将【粗细】设置为 9 点,如
图 4-219 所示。

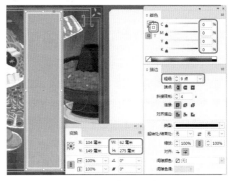

图4-219 再次绘制矩形并进行设置

15 根据前面所介绍的方法将"火锅素材 05.png""火锅素材 06.png""火锅素材 07.png"素材文件置入文档，效果如图 4-220 所示。

图4-220　将素材文件置入文档后的效果

16 在工具箱中单击【文字工具】按钮，在文档窗口中绘制一个文本框，输入"辣"。选中输入的文字，在【字符】面板中将【字体】设置为方正剪纸简体，将【字体大小】设置为 94 点，在【颜色】面板中将【填色】的 CMYK 值设置为 0、0、0、0，如图 4-221 所示。

图4-221　输入文本并进行设置

17 使用同样的方法在文档窗口中创建其他文字，效果如图 4-222 所示。

18 在工具箱中单击【直线工具】按钮，在文档窗口中按住 Shift 键绘制一条水平直线，在【颜色】面板中将【描边】的 CMYK 值设置为 0、0、0、0，在【描边】面板中将【粗细】设置为 2 点，将【类型】设置为【虚线】，将【虚线】设置为 8 点，在【变换】面板中将 L 设置

为 49.5 毫米，如图 4-223 所示。

图4-222　创建其他文字后的效果

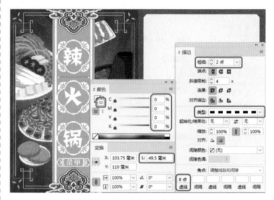

图4-223　绘制直线并进行设置

19 使用【选择工具】 ▶ 在文档窗口中选择绘制的直线，按住 Ctrl+Alt 组合键向下拖动选中的直线，对其进行复制，效果如图 4-224 所示。

图4-224　对直线进行复制

20 根据前面所介绍的方法将"火锅素材 08.png"素材文件置入文档，并调整其大小与位置，效果如图 4-225 所示。

图4-225 置入素材文件并调整大小与位置后的效果

21 在工具箱中单击【文字工具】按钮，在文档窗口中绘制一个文本框，输入"辣火锅"。选中输入的文字，在【字符】面板中将【字体】设置为方正粗活意简体，将【字体大小】设置为30点，将【字符间距】设置为300，在【颜色】面板中将【填色】的CMYK值设置为58、96、89、50，如图 4-226 所示。

图4-226 输入文字并进行设置

22 根据前面所介绍的方法将"火锅素材09.png"素材文件置入文档，并输入相应的文字，效果如图 4-227 所示。

23 将"火锅素材 10.jpg"素材文件置入文档，并调整其位置与大小，在【描边】面板中将【粗细】设置为5点，在【颜色】面板中将【描边】的CMYK值设置为0、0、0、0，如图 4-228 所示。

24 在【效果】面板中单击【向选定的目标添加对象效果】按钮 *fx.*，在弹出的下拉菜单中选择【投影】命令，如图 4-229 所示。

图4-227 置入素材文件并输入文字

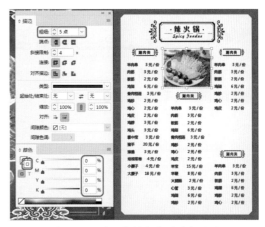

图4-228 置入素材文件并进行设置

图4-229 选择【投影】命令

25 在弹出的对话框中将【不透明度】设置为50，将【距离】设置为2毫米，将【角度】设置为135°，如图 4-230 所示。

26 设置完成后，单击【确定】按钮，使用同样的方法将"火锅素材 11.jpg"和"火锅素材 12.jpg"素材文件置入文档，并进行相应的设置，效果如图 4-231 所示。

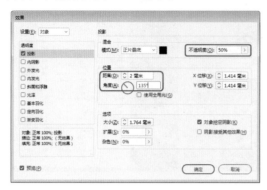

图4-230　设置投影参数

图4-231　置入其他素材文件后的效果

4.4　思考与练习

1. 如何快速查找图片？

2. 可以通过哪几种方式创建主页？

第 **5** 章

书籍封面及包装设计——图形、颜色与路径

在InDesign CC 2018排版过程中，经常会使用到图形，本章将主要介绍InDesign CC 2018的图形绘制与图像的操作，其中提供了多种绘图工具，如【铅笔工具】、【钢笔工具】和【矩形工具】等，为绘制图形提供了便利。通过本章的学习，读者可以运用强大的路径工具绘制任意图形，使画面更加丰富。

基础知识
- 绘制图形
- 创建颜色

重点知识
- 复制和删除色板
- 编辑描边

提高知识
- 使用钢笔工具
- 复合形状

书籍是人类进步和文明的重要标志之一，跨入21世纪，书籍已成为传播知识、科学技术和保存文化的主要工具之一。在本章的学习中，还介绍了包装盒的设计制作。包装设计是一门综合运用自然科学和美学知识，产品通过包装设计的特色来体现产品的独特新颖之处，以此来吸引更多的消费者前来购买，更有人把它当作礼品外送。因此，我们可以看出包装设计对产品的推广和建立品牌是至关重要的。

5.1 制作文艺类书籍封面——图形与颜色

书籍封面可以有效而恰当地反映书籍的内容、特色和著译者的意图，满足读者不同年龄、职业、性别的需要，还要考虑大多数人的审美欣赏习惯，并体现不同的民族风格和时代特征。本案例将介绍文艺类书籍封面的制作方法，效果如图5-1所示。

图5-1　书籍封面效果

素材	素材\Cha05\文艺类素材01.jpg、文艺类素材02.png
场景	场景\Cha05\制作文艺类书籍封面——图形与颜色.indd
视频	视频教学\Cha05\5.1　制作文艺类书籍封面——图形与颜色.mp4

01 启动 InDesign CC 2018 软件，按 Ctrl+N 组合键打开【新建文档】对话框，将【宽度】和【高度】分别设置为 456 毫米、303 毫米，将【页面】设置为 1，如图 5-2 所示。

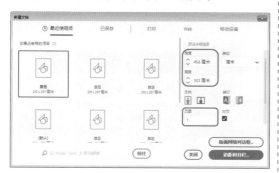

图5-2　设置新建文档参数

02 单击【边距和分栏】按钮，在弹出的对话框中将【边距】选项组中的【上】、【下】、

【内】、【外】都设置为 0，单击【确定】按钮。在工具箱中单击【矩形工具】按钮，在文档窗口中绘制一个矩形，如图 5-3 所示。

图5-3　绘制矩形

03 选中绘制的矩形，按 F6 键打开【颜色】面板，在该面板中将【填色】的 CMYK 值设置为 3、31、87、0，将【描边】设置为无，如图 5-4 所示。

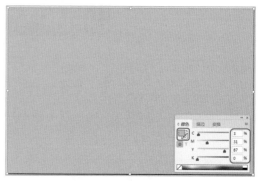

图5-4　设置图形颜色

04 在工具箱中单击【文字工具】按钮，在文档窗口中绘制一个文本框，输入文字。选中输入的文字，在【字符】面板中将【字体】设置为汉仪大宋简，将【字体大小】设置为 60 点，将【行距】设置为 60 点，如图 5-5 所示。

图5-5　输入文字并进行设置

05 继续选中该文字，对其进行复制、粘贴。选中粘贴后的文字，在文档窗口中调整其位置，在【字符】面板中将【字体大小】设置为65点，将【行距】设置为65点，效果如图5-6所示。

选择"素材\Cha05\文艺类素材01.jpg"素材文件，如图5-9所示。

图5-8 输入文字并进行设置

图5-6 复制文字

06 在工具箱中单击【矩形工具】按钮，在文档窗口中绘制一个矩形，在控制栏中将W、H分别设置为5毫米、29.5毫米，在【颜色】面板中将【填色】设置为黑色，将其【描边】设置为无，效果如图5-7所示。

图5-9 选择素材文件

09 单击【打开】按钮。在文档窗口中单击鼠标，将选中的素材文件置入，在控制栏中将【X缩放百分比】设置为51%，并调整其位置，调整后的效果如图5-10所示。

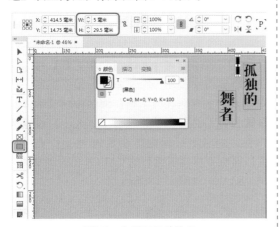

图5-7 绘制矩形并设置

07 在工具箱中单击【文字工具】按钮，在文档窗口中绘制一个文本框，输入如图5-8所示的文字，并在【字符】面板中将【字体】设置为【Adobe 宋体 Std】，将【字体大小】设置为18点，将【行距】设置为36点，将【字符间距】设置为10，如图5-8所示。

08 按 Ctrl+D 组合键，在弹出的对话框中

图5-10 置入素材文件

10 在工具箱中单击【矩形工具】按钮，在文档窗口中绘制一个矩形，在控制栏中将 W、H 分别设置为 30 毫米、303 毫米，如图 5-11 所示。

图5-11 绘制矩形

11 选中该矩形，在【颜色】面板中将【填色】的 CMYK 值设置为 4、26、82、0，将【描边】设置为无，如图 5-12 所示。

图5-12 设置填色及描边

12 按 Ctrl+D 组合键，在弹出的对话框中选择"素材 \Cha05\ 文艺类素材 02.png"素材文件，如图 5-13 所示。

13 单击【打开】按钮。在文档窗口中单击鼠标，将选中的素材文件置入文档，并调整其位置及大小，效果如图 5-14 所示。

图5-13 选择素材文件

图5-14 置入素材后的效果

14 在工具箱中单击【文字工具】按钮，在文档窗口中绘制一个文本框，输入文字。选中输入的文字，在【字符】面板中将【字体】设置为苏新诗卵石体，将【字体大小】设置为38 点，将【字符间距】设置为38 点，在【颜色】面板中将【填色】的 CMYK 值设置为 4、26、82、0，如图 5-15 所示。

图5-15 输入文字并进行设置

15 使用同样的方法输入其他文字，并对输入的文字进行相应的设置，效果如图5-16所示。

图5-16　输入其他文字后的效果

16 在文档窗口中选择如图5-17所示的两个文字，在【效果】面板中将【混合模式】设置为正片叠底，将【不透明度】设置为20%，如图5-17所示。

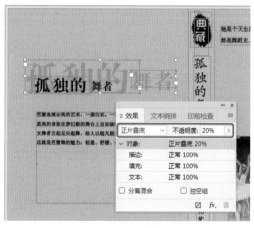

图5-17　设置文字效果

17 在工具箱中单击【直线工具】按钮，在文档窗口中按住Shift键绘制一条水平直线，在【描边】面板中将【粗细】设置为5点，在【颜色】面板中将描边【颜色】设置为49、57、100、4，如图5-18所示。

18 使用同样的方法再绘制一条直线，并将其描边【颜色】设置为黑色，将描边【粗细】设置为2点，如图5-19所示。

19 在工具箱中单击【矩形工具】按钮，在文档窗口中绘制一个矩形，在【变换】面板中将W、H设置为39毫米、42毫米，在【颜色】面板中将【填色】的CMYK值设置为0、0、0、0，将【描边】设置为无，如图5-20所示。

图5-18　绘制直线并进行设置

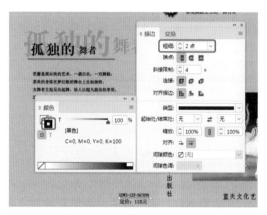

图5-19　绘制其他直线后的效果

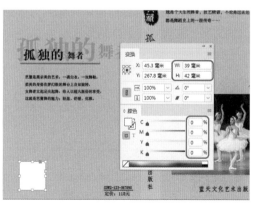

图5-20　绘制矩形并进行设置

20 在菜单栏中选择【对象】|【生成QR码】命令，如图5-21所示。

21 在弹出的对话框中将【类型】设置为纯文本，在【内容】文本框中输入【孤独的舞者】，如图 5-22 所示。

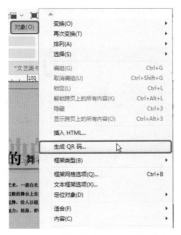

图5-21　选择【生成QR码】命令

图5-22　输入内容

22 输入完成后，单击【确定】按钮，在文档窗口中单击鼠标，将 QR 码置入文档，并调整其大小与位置。根据前面所介绍的方法输入其他文字，效果如图 5-23 所示。

图5-23　制作完成后的效果

5.1.1　绘制图形

在 InDesign CC 2018 中，使用基本绘图工

具可以创建基本的形状，例如矩形、椭圆形、多边形、星形等。

1. 绘制矩形

在工具箱中单击【矩形工具】按钮▢，在页面中按住鼠标左键拖动，可以绘制一个矩形，如图 5-24 所示。若按住 Shift 键拖动鼠标，可以绘制一个正方形。

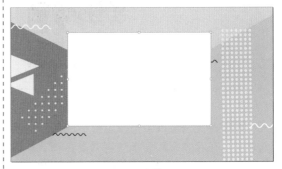

图5-24　绘制矩形

除了可以通过拖动鼠标左键来创建矩形外，还可以精确绘制矩形。单击【矩形工具】按钮▢，在文档窗口处单击，会弹出【矩形】对话框，可以根据要求输入数值，如图 5-25 所示，单击【确定】按钮后既可完成矩形创建。

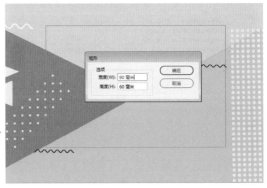

图5-25　精准绘制矩形

2. 绘制椭圆形

在工具箱中选择【椭圆工具】⬭，页面中按住鼠标左键拖动，绘制出一个椭圆形，如图 5-26 所示。若按住 Shift 键拖动鼠标，可以绘制一个正圆形。

选择【椭圆工具】⬭后，在文档窗口空白处单击，会弹出【椭圆】对话框，可以根据要求输入数值，如图 5-27 所示。

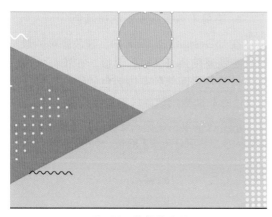

图5-26　绘制椭圆形

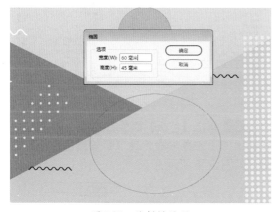

图5-27　绘制椭圆形

3. 绘制多边形

在工具箱中选择【多边形工具】 ，在
页面中单击，弹出【多边形】对话框，在【多
边形】对话框中设置参数，如图 5-28 所示。单
击【确定】按钮，绘制一个多边形，如图 5-29
所示。

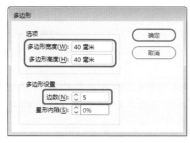

图5-28　【多边形】对话框

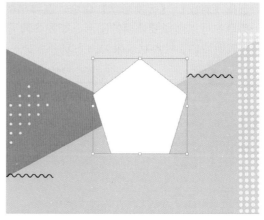

图5-29　绘制多边形

4. 绘制星形

在工具箱中选择【多边形工具】 ，在文
档窗口中单击，弹出【多边形】对话框，在【多
边形】对话框中设置参数，如图 5-30 所示。单击
【确定】按钮，绘制一个星形，如图 5-31 所示。

图5-30　【多边形】对话框

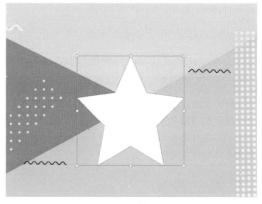

图5-31　绘制星形

5. 形状之间的转换

在工具箱中选择【选择工具】 ，在文
档窗口中选择需要转换的图形，然后在菜单栏

中选择【对象】|【转换形状】命令，在弹出的子菜单中可以选择要转换的图形，如图 5-32 所示，转换后的各种形状效果如图 5-33 所示。

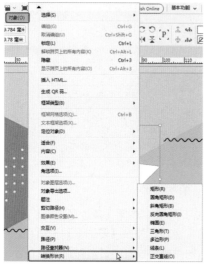

图5-32　【转换形状】子菜单

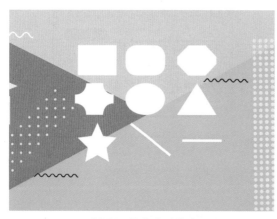

图5-33　转换图形效果

💡 提 示

除了上述方法外，在菜单栏中选择【窗口】|【对象和版面】|【路径查找器】命令，在【路径查找器】面板中单击【转换形状】选项组中的按钮，也可以实现不同形状之间的转换。

5.1.2　创建颜色

在 InDesign 中提供了一些预设的颜色，如纸色、黑色、洋红与绿色等。如果需要应用预设颜色以外的其他颜色，可以根据需要自定义设置。

1. 使用【色板】面板创建颜色

在 InDesign CC 2018 中创建新颜色的最常用方法就是使用【色板】面板。在该面板中，每一种颜色后面都列有该颜色的详细数值。使用【色板】面板创建颜色的操作步骤如下。

01 在菜单栏中选择【窗口】|【颜色】|【色板】命令，打开【色板】面板，如图 5-34 所示。

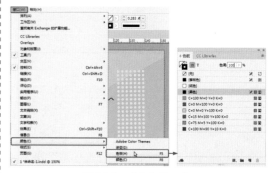

图5-34　【色板】面板

02 单击【色板】面板右上角的 ≡ 按钮，在弹出的下拉菜单中选择【新建颜色色板】命令，如图 5-35 所示。

图5-35　选择【新建颜色色板】命令

03 弹出【新建颜色色板】对话框，在该对话框中将【颜色类型】和【颜色模式】保持默认的设置，然后通过拖动滑块或输入数值来设置一种颜色，如图 5-36 所示。

04 单击【确定】按钮，即可在【色板】面板中显示出新创建的颜色，如图 5-37 所示。

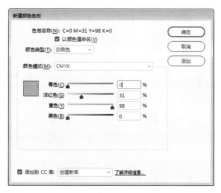

图5-36　【新建颜色色板】对话框

图5-37　新创建的颜色

【新建颜色色板】对话框中的各选项功能说明如下。

- 【以颜色值命名】：勾选该复选框，会将新创建的颜色以该颜色的颜色值来命名；如果取消勾选该复选框，在【色板名称】后面会出现一个文本框，在文本框中输入新创建的颜色的名称即可，如图5-38所示。

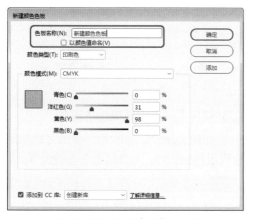

图5-38　输入新创建的颜色名称

- 颜色类型：在该下拉列表中有【印刷色】和【专色】两种选项。选择【印刷色】选项，会将编辑的颜色定义为印刷色；而选择【专色】选项，则会将编辑的颜色定义为专色。
- 颜色模式：在该下拉列表中选择要用于定义颜色的模式。

知识链接：了解专色和印刷色

专色或印刷色这两种颜色类型与商业印刷中使用的两种主要的油墨类型相对应。

1. 关于专色

专色是一种预先混合的特殊油墨，是 CMYK 四色印刷油墨之外的另一种油墨，用于替代 CMYK 四色印刷油墨，它在印刷时需要使用专门的印版。当指定少量颜色并且颜色准确度很关键时，应使用专色。专色油墨可以准确地重现印刷色色域以外的颜色。但是，印刷专色的确切外观由印刷商所混合的油墨和所用纸张共同决定，而不是由用户指定的颜色值或色彩管理决定。当用户指定专色值时，只是在为显示器和复合打印机描述该颜色的模拟外观（受这些设备的色域限制的影响）。

指定专色时，需要记住以下原则。

- 要在打印的文档中实现最佳效果，应指定印刷商所支持的颜色匹配系统中的专色。
- 尽量减少使用的专色数量。用户创建的每个专色都将为印刷机生成额外的专色印版，从而增加印刷成本。如果需要四种以上的颜色，请考虑采用四色印刷。
- 如果某个对象包含专色并与另一个包含透明度的对象重叠，在导出为 EPS 格式时，使用【打印】对话框将专色转换为印刷色。在 InDesign 以外的应用程序中创建分色时，可能会产生不希望出现的结果。要获得最佳效果，应在打印之前使用【拼合预览】或【分色预览】对拼合透明度的效果进行软校样。此外，在打印或导出之前，还可以使用 InDesign 中的【油墨管理器】将专色转换为印刷色。

2. 关于印刷色

印刷色是使用四种标准印刷油墨的组合印刷，包括青色、洋红色、黄色和黑色（CMYK）。当作业需要的颜色较多而导致使用单独的专色油墨成本很高或者不可行时（例如，印刷彩色照片时），需要使用印刷色。

指定印刷色时，需要记住以下原则。

- 要使高品质印刷文档呈现最佳效果，需参考印刷在四色色谱（印刷商可能会提供）中的CMYK值来设定颜色。
- 由于印刷色的最终颜色值是它的CMYK，因此，如果使用RGB或Lab指定印刷色，在分色时，系统会将这些颜色值转换为CMYK值。
- 除非用户已经正确设置了颜色管理系统，并且了解它在颜色预览方面的限制，否则，请不要根据显示器上的显示来指定印刷色。
- 因为CMYK的色域比普通显示器的色域小，所以应避免在只供联机查看的文档中使用印刷色。

3. 同时使用专色和印刷色

有时，在同一作业中同时使用印刷油墨和专色油墨是可行的。例如，在年度报告的相同页面上，可以使用一种专色油墨来印刷公司徽标的精确颜色，而使用印刷色重现照片。还可以使用一个专色印版，在印刷色作业区域中应用上光色。在这两种情况下，打印作业共使用五种油墨：四种印刷色油墨和一种专色油墨或上光色。

2. 使用【拾色器】对话框创建颜色

使用【拾色器】对话框可以从色域中选择颜色，或以数字方式指定颜色。可以使用RGB、Lab或CMYK颜色模式来定义颜色。使用【拾色器】对话框来创建颜色的操作步骤如下。

01 在工具箱中双击【填色】图标，弹出【拾色器】对话框，如图5-39所示。

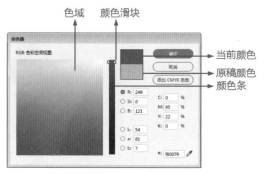

图5-39　【拾色器】对话框

02 在该对话框中设置一种需要的颜色，可以执行下列操作之一。

- 在色域内单击或拖动鼠标，十字准线指示颜色在色域中的位置。
- 沿颜色条拖动颜色滑块，或者在颜色

条内直接单击。

- 在任意一种颜色模式文本框中输入数值。

03 设置完成后单击【确定】按钮即可。如果要将该颜色添加到色板中，可以用鼠标右击工具箱中的【填色】图标，在弹出的快捷菜单中选择【添加到色板】命令，如图5-40所示。

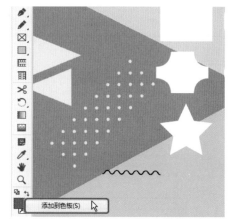

图5-40　选择【添加到色板】命令

04 即可将设置的颜色添加到【色板】面板中，如图5-41所示。

图5-41　将颜色添加到【色板】面板中

3. 使用【颜色】面板创建颜色

在InDesign CC 2018中，使用【颜色】面板也可以创建颜色，具体的操作步骤如下。

01 在菜单栏中选择【窗口】|【颜色】|【颜色】命令，打开【颜色】面板，如图5-42所示。

02 单击【颜色】面板右上角的 ≡ 按钮，在弹出的下拉菜单中选择一种颜色模式，在这里选择 CMYK，如图 5-43 所示。

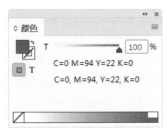

图5-42 【颜色】面板

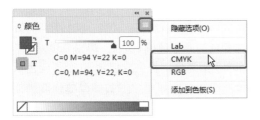

图5-43 选择颜色模式

03 然后在【颜色】面板中设置一种颜色，如图 5-44 所示。

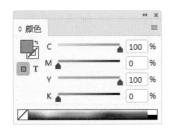

图5-44 设置颜色

04 如果要将设置的颜色添加到色板中，可以单击【颜色】面板右上角的 ≡ 按钮，在弹出的下拉菜单中选择【添加到色板】命令，如图 5-45 所示。

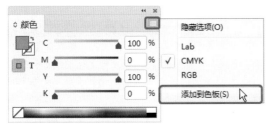

图5-45 选择【添加到色板】命令

05 即可将设置的颜色添加到【色板】面板中，如图 5-46 所示。

图5-46 将颜色添加到【色板】面板中

5.1.3 创建色调

色调是经过加网而变得较浅的一种颜色版本，是一种给专色带来不同颜色深浅变化的较经济的方法，不必支付额外专色油墨的费用。色调也是创建较浅印刷色的快速方法，但它并不会减少四色印刷的成本。与普通颜色一样，最好在【色板】面板中命名和存储色调，以便可以在文档中轻松编辑应用该色调的所有实例。

01 在【色板】面板中选择一种要创建色调的颜色色板，如图 5-47 所示。

图5-47 选择颜色色板

02 单击【色板】面板右上角的 ≡ 按钮，在弹出的下拉菜单中选择【新建色调色板】命令，如图 5-48 所示。

图5-48　选择【新建色调色板】命令

03 弹出【新建色调色板】对话框，通过拖动【色调】颜色条上的滑块或在右侧的文本框中输入数值，可以调整色调的颜色深浅，如图5-49所示。

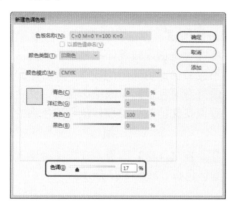

图5-49　【新建色调色板】对话框

04 单击【确定】按钮，完成色调的创建，效果如图5-50所示。

图5-50　创建的色调

5.1.4 创建混合油墨

当需要使用最少数量的油墨获得最大数量的印刷颜色时，可以通过混合两种专色油墨或将一种专色油墨与一种或多种印刷色油墨混合来创建新的油墨色板。使用混合油墨颜色，可以增加可用颜色的数量，而不会增加用于印刷文档的分色的数量。

可以创建单个混合油墨色板，也可以使用【新建混合油墨组】命令一次生成多个色板。混合油墨组包含一系列由百分比不断递增的不同印刷色油墨和专色油墨创建的颜色。例如，将青色的4个色调(20%、40%、60%和80%)与一种专色的5个色调(10%、20%、30%、40%和50%)相混合，将生成包含20个不同色板的混合油墨组。创建单个混合油墨色板的操作步骤如下。

01 在【色板】面板中按住Ctrl键选择一种专色和一种印刷色，如图5-51所示。

图5-51　选择专色和印刷色

> **提示**
>
> 如果【色板】面板中没有专色，可以在【新建颜色色板】对话框中将【颜色类型】设置为【专色】，然后调整颜色。调整完成后，单击【确定】按钮，即可创建一种专色。

02 单击【色板】面板右上角的 ≡ 按钮，在弹出的下拉菜单中选择【新建混合油墨色板】命令，如图5-52所示。

图5-52 选择【新建混合油墨色板】命令

03 弹出【新建混合油墨色板】对话框，在【名称】文本框中输入混合油墨色板的名称，然后在颜色名称左侧的空白框处通过单击可以添加需要混合的颜色，当空白框变成样式后表示该颜色已被添加，如图 5-53 所示。

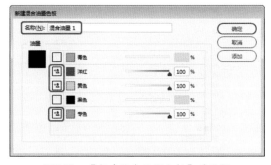

图5-53 【新建混合油墨色板】对话框

04 通过拖动颜色名称右侧的颜色条上的滑块，可以调整该颜色需要混合的百分比，如图 5-54 所示。

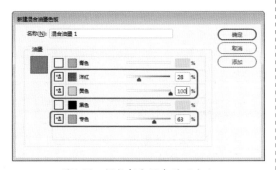

图5-54 调整颜色混合的百分比

05 单击【确定】按钮，完成混合油墨的创建，效果如图 5-55 所示。

图5-55 创建的混合油墨

5.1.5 复制和删除色板

颜色色板创建完成后，可以根据需要对创建的颜色色板进行复制或删除操作。

1. 复制色板

复制色板的操作步骤如下。

01 在【色板】面板中选择需要复制的颜色色板，如图 5-56 所示。

图5-56 选择颜色色板

02 单击【色板】面板右上角的 ≡ 按钮，在弹出的下拉菜单中选择【复制色板】命令，如图 5-57 所示。

图5-57　选择【复制色板】命令

03 即可将选择的色板进行复制，复制出的新色板会自动排列在其他颜色色板的下方，如图 5-58 所示。

图5-58　复制的色板

> **提　示**
> 选中需要复制的色板，按住鼠标左键，将其拖曳到【新建色板】按钮上，也可以复制色板。

2. 删除色板

删除色板的操作步骤如下。

01 在【色板】面板中选择需要删除的颜色色板，然后单击面板右上角的 ≡ 按钮，在弹出的下拉菜单中选择【删除色板】命令，如

图 5-59 所示。

图5-59　选择【删除色板】命令

02 即可将选择的色板删除，效果如图 5-60 所示。

图5-60　删除色板后的效果

> **提　示**
> 选中需要删除的色板，单击【色板】面板底部的【删除选定的色板/组】按钮，或者将选中的色板拖曳到【删除选定的色板/组】按钮上，也可以删除色板。

5.1.6　设置【色板】面板的显示模式

单击【色板】面板右上角的 ≡ 按钮，在弹出的下拉菜单中有4种显示模式，即【名称】、【小字号名称】、【小色板】和【大色板】，如

图 5-61 所示。在 InDesign 中，默认的显示模式为【名称】。

图5-61　4种显示模式

如果要更改【色板】面板的显示模式，可以在下拉列表中选择一种显示模式，如图 5-62 所示为【大色板】显示模式。

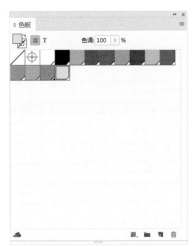

图5-62　【大色板】显示模式

5.1.7 编辑描边

描边是指一个图形对象的边缘或路径。在 InDesign CC 2018 中可以设置描边的粗细、类型与颜色。

1.设置描边粗细

通过使用【描边】面板中的【粗细】选项可以设置描边的粗细，具体的操作步骤如下。

01　按 Ctrl+O 组合键，在弹出的对话框中选择"素材\Cha05\素材 02.indd"素材文件，单击【打开】按钮，然后使用【选择工具】▶ 选择如图 5-63 所示的对象。

图5-63　选择对象

02　在菜单栏中选择【窗口】|【描边】命令，打开【描边】面板，在【描边】面板的【粗细】下拉列表中选择 1 点，如图 5-64 所示。

图5-64　选择1点

03　即可设置描边的粗细，效果如图 5-65 所示。

图5-65　设置描边后的效果

2. 设置描边类型

在【描边】面板中还可以对描边的类型进行设置，具体的操作步骤如下。

01 继续上一小节的操作。在【描边】面板的【类型】下拉列表中选择一种描边类型，如图 5-66 所示。

图5-66 选择一种描边类型

02 即可设置描边的类型，效果如图 5-67 所示。

图5-67 设置描边类型后的效果

3. 设置描边颜色

在工具箱中单击【描边】图标，即可在控制栏、【色板】面板、【颜色】面板或【渐变】面板中对描边的颜色进行设置。也可以在工具箱中双击【描边】图标，在弹出的【拾色器】对话框中对描边的颜色进行设置。

5.1.8 处理彩色图片

在 InDesign 中，可以根据不同的作品需求使用导入的各种图像，这时需要用户对各种文件的处理方式有所了解。

1. 处理 EPS 文件

InDesign 会自动从 EPS 文件中导入定义的颜色，因此 EPS 文件的任何专色都会显示在 InDesign 的【色板】面板中。

在图表程序中创建 EPS 文件，颜色可能会产生以下 3 种印刷问题。

- 每种颜色都在其自身的调色板上印刷，即使将其定义为一种印刷色也会如此。
- 一种专色被颜色分离为 CMYK 印刷色后，即使在源程序或 InDesign 中都将其定义为一种专色，也会被分离。
- 仅有一种颜色用于黑色印刷。

2. 处理 TIFF 文件

在处理 TIFF 文件时不会出现像处理 EPS 文件时遇到的问题，因为创建 TIFF 文件不会使用专色，而是会被划分为 RGB 或 CMYK 颜色模式。InDesign 能对 RGB TIFF 文件与 CMYK TIFF 文件进行颜色分离。

3. 处理 PDF 文件

InDesign 能精确导入任何用于 PDF 文件的颜色。

即使 InDesign 不支持 Hexachrome 颜色，它仍会在 PDF 文件中保留它们，直到将 InDesign 文件导出为 PDF，用于输出为止。另外，Hexachrome 颜色在印刷或从 InDesign 生成 PostScript 文件时就被转换为 CMYK。很多 Hexachrome 颜色在被转换为 CMYK 时都不能正确印刷，因此应该始终使用 Hexachrome PDF 图片将 InDesign 文件导出为 PDF。

5.1.9 处理渐变

渐变是两种或多种颜色之间或同一颜色的两个色调之间的逐渐混合。渐变是通过渐变条中的一系列色标定义的。在默认情况下，渐变以两种颜色开始，中点在 50%。

1. 使用【色板】面板创建渐变

在 InDesign 中使用【色板】面板也可以创建渐变，具体的操作步骤如下。

01 在【色板】面板中单击右上角的 ≡ 按钮，在弹出的下拉菜单中选择【新建渐变色板】命令，如图 5-68 所示。

图5-68　选择【新建渐变色板】命令

02 弹出【新建渐变色板】对话框，如图 5-69 所示。

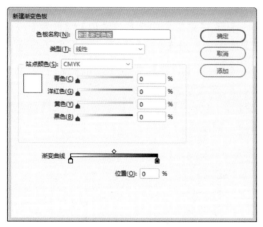

图5-69　【新建渐变色板】对话框

【新建渐变色板】对话框中的各个选项的功能如下。

- 【色板名称】：在该文本框中为新创建的渐变命名。
- 【类型】：在该下拉列表中有两个选项，分别为线性和径向，可以设置新建渐变的类型。
- 【站点颜色】：在该下拉列表中可以选择渐变的模式，共有 4 个选项，分别

为 Lab、CMYK、RGB 和色板。若要选择【色板】中已有的颜色，可以在该下拉列表中选择【色板】选项。若要为渐变混合一个新的未命名颜色，应选择一种颜色模式，然后输入颜色值。

- 【渐变曲线】：设置渐变混合颜色的色值。

　提　示

　单击【渐变曲线】渐变颜色条上的色标，可以激活【站点颜色】设置区。

03 渐变颜色由渐变颜色条上的色标决定。色标是渐变从一种颜色到另一种颜色的转换点，增加或减少色标，可以增加和减少渐变颜色的数量。要增加渐变色标，可以在【渐变曲线】渐变颜色条下单击，如图 5-70 所示。

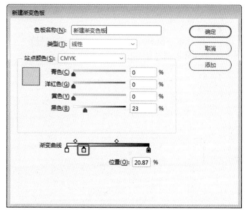

图5-70　添加色标

04 如果要删除色标，则可以将色标向下拖动，使其脱离渐变曲线，如图 5-71 所示。

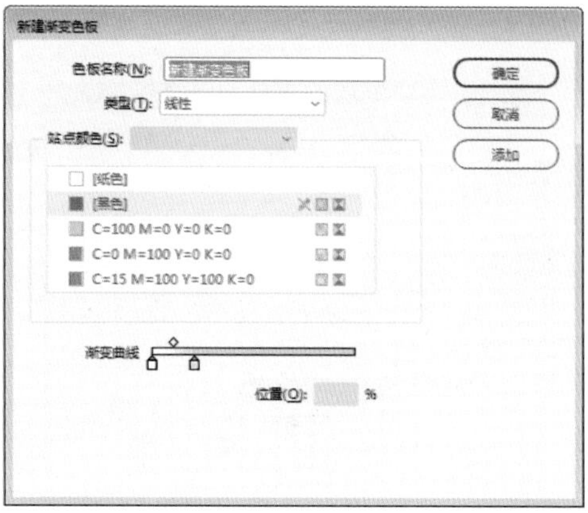

图5-71　删除色标

05 选择左侧的色标，然后在【站点颜色】区域输入数值或拖动滑块，设置色标的颜色，如图 5-72 所示。

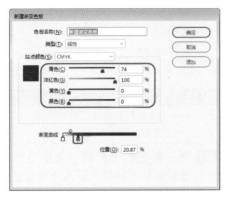

图5-72　设置色标的颜色

06 通过拖动【渐变曲线】渐变颜色条上的色标可以调整颜色的位置，如图 5-73 所示。

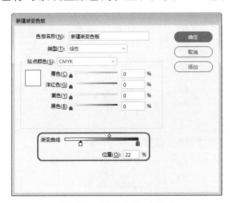

图5-73　调整色标的位置

07 在渐变颜色条上，每两个色标的中间都有一个菱形的中点标记，移动中点标记可以改变该点两侧色标颜色的混合位置，如图 5-74 所示。

图5-74　调整颜色的混合位置

08 设置完成后单击【确定】按钮，即可将新创建的渐变添加到【色板】面板中，效果如图 5-75 所示。

图5-75　新建的渐变

2. 使用【渐变】面板创建渐变

下面来介绍通过使用【渐变】面板来创建渐变的具体操作步骤。

01 在菜单栏中选择【窗口】|【颜色】|【渐变】命令，打开【渐变】面板，如图 5-76 所示。

02 在【渐变】面板中的渐变颜色条上单击，然后选择第一个色标，再在菜单栏中选择【窗口】|【颜色】|【颜色】命令，打开【颜色】面板，如图 5-77 所示。

图5-76　【渐变】色板　　　图5-77　【颜色】面板

03 在【颜色】面板中设置一种颜色，如图 5-78 所示。

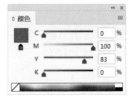

图5-78　使用【颜色】面板设置颜色

04 即可将【渐变】面板中的第一个色标的颜色改变为在【颜色】面板中设置的颜色，如图 5-79 所示。

图5-79 改变色标的颜色

05 使用同样的方法，为另一个色标设置颜色。然后右击渐变颜色条，在弹出的快捷菜单中选择【添加到色板】命令，如图 5-80 所示。

图5-80 选择【添加到色板】命令

06 即可将设置的渐变颜色添加到【色板】面板中，效果如图 5-81 所示。

图5-81 新创建的渐变

3. 编辑渐变

创建完渐变后，还可以根据需要对色标的颜色模式与颜色进行修改，具体的操作步骤如下。

01 在【色板】面板中选择需要编辑的渐变色板，如图 5-82 所示。

图5-82 选择要编辑的渐变色板

02 单击【色板】面板右上角的 ≡ 按钮，在弹出的下拉菜单中选择【色板选项】命令，如图 5-83 所示。

图5-83 选择【色板选项】命令

03 弹出【渐变选项】对话框，在【渐变选项】对话框中选中色标，然后对色标的颜色模式与颜色进行修改，如图 5-84 所示。

04 修改完成后单击【确定】按钮，即可将修改完成的渐变色板保存，效果如图 5-85 所示。

> **🏷 提 示**
>
> 双击需要编辑的渐变色板，或右击需要编辑的渐变色板，在弹出的快捷菜单中选择【渐变选项】命令，也可以弹出【渐变选项】对话框。

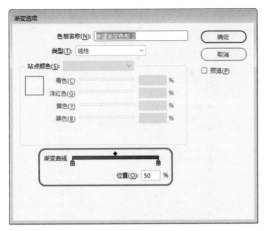

图5-84　【渐变选项】对话框

图5-85　修改渐变后的效果

▶5.2　制作月饼盒包装——路径的基本操作

月饼又称月团、小饼、丰收饼、团圆饼等，是中秋节的时节食品。月饼最初是用来拜祭月神的供品。发展至今，中秋节与吃月饼和赏月是中国南北各地过中秋节的必备习俗。本节将介绍如何制作月饼盒包装，效果如图5-86所示。

素材	素材\Cha05\月饼盒素材01.jpg、月饼盒素材02.png~月饼盒素材09.png
场景	场景\Cha05\制作月饼盒包装——路径的基本操作.indd
视频	视频教学\Cha05\5.2　制作月饼盒包装——路径的基本操作.mp4

图5-86　月饼包装盒

01 启动 InDesign CC 2018 软件，按 Ctrl+N 组合键，在弹出的对话框中将【宽度】、【高度】分别设置为 470 毫米、360 毫米，将【页面】设置为 1，如图5-87所示。

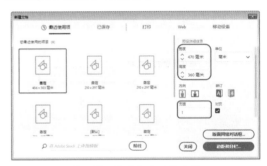

图5-87　设置新建文档参数

02 设置完成后，单击【边距和分栏】按钮，在弹出的对话框中将【上】、【下】、【内】、【外】均设置为 0 毫米，如图5-88所示。

图5-88　设置边距参数

03 设置完成后，单击【确定】按钮。按 Ctrl+D 组合键，在弹出的对话框中选择"素材\Cha05\月饼盒素材01.jpg"素材文件，如图5-89所示。

图5-89　选择素材文件

04 单击【打开】按钮，在文档窗口中单击鼠标，将选中的素材文件置入文档。选中置入的素材文件，在【变换】面板中将 W、H 分别设置为 300 毫米、200 毫米，将 X、Y 分别设置为 235.5 毫米、180 毫米，如图 5-90 所示。

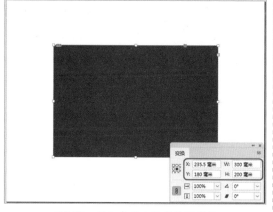

图5-90　置入素材文件并进行设置

05 在工具箱中单击【文字工具】按钮 T，在文档窗口中绘制一个文本框，输入文字。选中输入的文字，在【字符】面板中将【字体】设置为方正新舒体简体，将【字体大小】设置为 200 点，在【颜色】面板中将【填色】的 CMYK 值设置为 0、0、0、0，在【变换】面板中将 W、H 均设置为 76 毫米，将 X、Y 分别设置为 302 毫米、125 毫米，如图 5-91 所示。

06 使用【文字工具】 T 再在文档窗口中绘制一个文本框，输入文字。选中输入

的文字，在【字符】面板中将【字体】设置为方正新舒体简体，将【字体大小】设置为 200 点，在【颜色】面板中将【填色】的 CMYK 值设置为 0、0、0、0，在【变换】面板中将 W、H 分别设置为 74 毫米、72 毫米，将 X、Y 分别设置为 338 毫米、172 毫米，如图 5-92 所示。

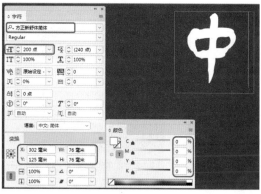

图5-91　输入文字并进行设置

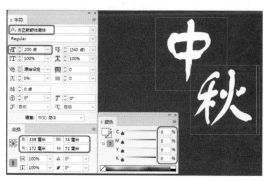

图5-92　再次输入文字并设置后的效果

07 在工具箱中单击【椭圆工具】 ○ 按钮，在文档窗口中按住 Shift 键绘制一个正圆形。选中绘制的正圆，在【颜色】面板中将【填色】的 CMYK 值设置为 11、36、70、0，将【描边】设置为无，在【变换】面板中将 W、H 均设置为 23 毫米，并调整其位置，效果如图 5-93 所示。

08 在工具箱中单击【文字工具】按钮 T，在文档窗口中绘制一个文本框，输入文字。选中输入的文字，在【字符】面板中将【字体】设置为隶书，将【字体大小】设置为 60 点，在【颜色】面板中将【填色】的 CMYK 值设置为 0、0、0、0，并在文档窗口中调整文字的位

置，效果如图 5-94 所示。

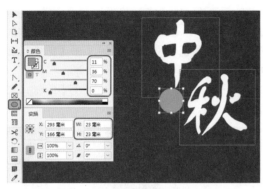

图5-93　绘制正圆形并设置后的效果

图5-94　输入文字并进行设置

09 在工具箱中单击【选择工具】按钮 ，在文档窗口中选择绘制的圆形与圆形上方的文字，按住 Alt 键向下拖曳选中的对象，并修改复制后的文字，效果如图 5-95 所示。

图5-95　复制对象并进行修改

10 在工具箱中单击【钢笔工具】按钮 ，在文档窗口中绘制如图 5-96 所示的图形，在【颜色】面板中将【填色】的 CMYK 值设置为 11、36、70、0，将【描边】设置为无。

图5-96　绘制图形并进行设置

11 再次使用【钢笔工具】 在文档窗口中绘制如图 5-97 所示的图形，在【颜色】面板中将【填色】的 CMYK 值设置为 0、0、100、0，将【描边】设置为无。

图5-97　绘制图形并设置填色与描边

12 在工具箱中单击【选择工具】按钮 ，在文档窗口中按住 Shift 键选择绘制的两个图形，在菜单栏中选择【对象】|【路径查找器】|【减去】命令，如图 5-98 所示。

13 继续选中操作后的对象，按住 Alt 键对选中的图形进行复制，并调整其大小与位置，效果如图 5-99 所示。

14 在工具箱中单击【直排文字工具】按钮 ，在文档窗口中绘制一个文本框，输入文字。选中输入的文字，在【字符】面板中将【字体】设置为汉仪中黑简，将【字体大小】设置为 15 点，将【字符间距】设置为 75，在【颜色】面板中将【填色】的 CMYK 值设置为14、36、70、0，如图 5-100 所示。

图5-98　选择【减去】命令

图5-99　对图形进行复制并调整后的效果

图5-100　输入文字并进行设置

15　再次使用【直排文字工具】在文档窗口中绘制一个文本框，输入文字。选中输入的文字，在【字符】面板中将【字体】设置为汉仪中黑简，将【字体大小】设置为9点，将

【行距】设置为12点，将【字符间距】设置为–5，在【颜色】面板中将【填色】的CMYK值设置为14、36、70、0，如图5-101所示。

图5-101　再次输入文字并进行设置

16　根据前面所介绍的方法创建如图5-102所示的图形与文字。

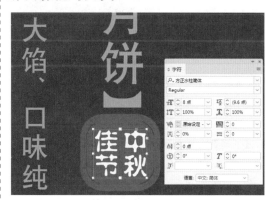

图5-102　创建的图形与文字

17　将"月饼盒素材02.png""月饼盒素材03.png""月饼盒素材04.png""月饼盒素材05.png"素材文件置入文档，调整其位置与大小，并根据前面所介绍的方法创建其他图形与文字，效果如图5-103所示。

图5-103　置入素材并创建其他图形与文字后的效果

18 在工具箱中单击【矩形工具】按钮▣，在文档窗口中绘制一个矩形。选中绘制的矩形，在【颜色】面板中将【填色】的CMYK值设置为38、100、100、4，将【描边】设置为无，在【变换】面板中将W、H分别设置为85毫米、200毫米，并调整其位置，效果如图5-104所示。

图5-104　绘制矩形并设置

19 在工具箱中单击【文字工具】按钮 T，在文档窗口中绘制一个文本框，在文本框中输入文字。选中输入的文字，在【字符】面板中将【字体】设置为创艺简黑体，将【字体大小】设置为12点，将【行距】设置为30点，将【字符间距】设置为50，在【颜色】面板中将【填色】的CMYK值设置为0、0、0、0，如图5-105所示。

图5-105　输入文字并进行设置

20 根据前面所介绍的方法制作其他对象，并置入相应的素材，效果如图5-106所示。

图5-106　制作其他对象后的效果

5.2.1　认识路径与其他图形工具

下面将介绍路径与其他图形工具，其中包括【直线工具】、【铅笔工具】、【平滑工具】、【抹除工具】等。

1. 路径

路径类型可以分为简单路径、复合路径和复合形状路径3种类型。

- 简单路径：简单路径是复合路径和形状的基本模块，由一条开放或闭合路径（可能是自交叉的）组成。
- 复合路径：复合路径是由两个或多个相互交叉或相互截断的简单路径组成。
- 复合形状路径：复合形状路径由两个或多个路径、复合路径、组、混合体、文本轮廓、文本框架彼此相交和截断以创建新的可编辑形状的其他形状组成。

2. 直线工具

在工具箱中选择【直线工具】 ╱，当光标变为-¦-时，按住鼠标左键并拖动，到适当的位置释放鼠标左键，可以绘制出一条任意角度的直线，如图5-107所示；在绘制的同时按住Shift键，可以绘制水平、垂直或45°角及其倍数的直线，如图5-108所示。

图5-107 直线效果

图5-108 绘制效果

3. 铅笔工具

【铅笔工具】就像用铅笔在纸上绘图一样，对于快速素描和创建手绘外观最有用。使用【铅笔工具】创建路径时不能设置锚点的位置及方向线，可以在绘制完成后进行修改。

① 绘制开放路径。

在工具箱中选择【铅笔工具】，当光标变为时，在文档窗口中拖动鼠标绘制路径，如图 5-109 所示；松开鼠标后的绘制效果如图 5-110 所示。

图5-109 绘制开放路径

图5-110 绘制效果

② 绘制封闭路径。

在工具箱中选择【铅笔工具】，当光标变为时，在文档窗口中按住并拖动鼠标，并按住 Alt 键，可以绘制封闭路径，如图 5-111 所示。释放鼠标，可绘制出封闭路径，效果如图 5-112 所示。

图5-111 绘制闭合路径

图5-112 绘制效果

③ 连接两个路径。

在工具箱中选择【选择工具】，选择两条开放路径，如图 5-113 所示；选择【铅笔工具】 ✐ ，将光标从一条路径的端点拖动到另一条路径的端点，按住 Ctrl 键，当光标变为 ✐ 时，将连接两个锚点或路径，如图 5-114 所示。释放鼠标，绘制效果如图 5-115 所示。

择需要进行平滑处理的路径，如图 5-116 所示；在工具箱中选择【铅笔工具】 ✐ 并单击鼠标右键，选择【平滑工具】 ✐ ，沿着要进行平滑处理的路径线拖动，如图 5-117 所示；重复使用平滑处理，直到路径达到需要的平滑度，效果如图 5-118 所示。

图5-113　选中路径

图5-116　选中路径

图5-114　光标效果

图5-117　拖动鼠标

图5-115　绘制效果

4. 平滑工具

【平滑工具】 ✐ 通过增加锚点或删除锚点来平滑路径，在平滑锚点与路径时，会尽可能保持路径原有的形状并使路径平滑。

在工具箱中选择【直接选择工具】 ▷ ，选

图5-118　平滑效果

5. 抹除工具

使用【抹除工具】 ✐ 可以移去现有路径、

锚点或描边的一部分。

在工具箱中选择【选择工具】，选择需要抹除的路径，如图 5-119 所示；在工具箱中选择【铅笔工具】并单击鼠标右键，选择【抹除工具】，沿着需要抹除的路径段拖动，如图 5-120 所示；抹除后的路径断开，生成两个端点，效果如图 5-121 所示。

图5-119　选中路径

图5-120　拖动鼠标

图5-121　抹除效果

5.2.2　使用钢笔工具

使用【钢笔工具】可以绘制精细和复杂的路径，可以绘制任意直线和曲线，同时可以创建任意线条和闭合路径。

1. 直线和锯条线条

直线是一种最简单的路径，可以使用【直线工具】和【钢笔工具】创建，但是使用【钢笔工具】可以绘制具有多条直线段的锯齿状线、曲线以及结合直线和曲线的线条。

新建空白文档后，在工具箱中选择【钢笔工具】，在文档窗口中单击鼠标左键确定第一个锚点，在相应的位置单击鼠标左键，即可创建第二个锚点位置，绘制出直线路径，如图 5-122 所示。继续在其他位置单击，即可继续绘制直线，如图 5-123 所示。

图5-122　直线路径

图5-123　绘制后的效果

2. 曲线

在工具箱中选择【钢笔工具】，在文档窗口中按住鼠标左键并拖动，可以调整第一个锚点，如图5-124所示；在相应的位置再次按住鼠标左键并拖动，可以调整第二个锚点，如图5-125所示；继续按住鼠标左键拖动，绘制多个锚点和曲线路径，效果如图5-126所示。

在文档窗口中创建一条曲线，将光标放置在曲线路径上的一个端点上，当光标变为时，单击鼠标左键将其转化为角点，如图5-127所示；在相应的位置单击，即可绘制出直线，如图5-128所示。

图5-124　调整第一个锚点

图5-127　转换为角点

图5-125　调整第二个锚点

图5-128　绘制直线路径

02 移动鼠标，当光标变为时，单击鼠标左键并拖动，即可绘制一条曲线路径，如图5-129所示。

图5-126　图形效果

3. 结合直线线段和曲线线段

将绘制直线线段和曲线线段的技巧相结合，可以创建出包含有两种线段的线条。

01 在工具箱中选择【钢笔工具】，

图5-129　绘制曲线路径

5.2.3 编辑路径

在 InDesign CC 2018 中，设计师绘制路径后，还需要进行调整，从而达到排版设计方面的要求。

1. 选取、移动锚点

创建路径后，在工具箱中单击【直接选择工具】按钮 ▷，选中的锚点将以实心正方形显示，如图 5-130 所示；按住鼠标左键拖动选中的锚点，两个相邻的线段会发生变化，该锚点的方向手柄并不受影响，如图 5-131 所示。

图5-130 选择锚点

图5-131 移动锚点

2. 增加、转换、删除锚点

设计师若希望为路径添加细节，使其效果更佳，需要添加锚点来对路径的一部分进行更精确的控制和调整。

01 新建路径后，在工具箱中单击【直接选择工具】按钮 ▷，在文档窗口中选择需要添加锚点的路径，如图 5-132 所示。

图5-132 选择路径

02 在【钢笔工具】按钮 ✐ 处单击鼠标右键，选择【添加锚点工具】 ✐⁺。将光标移动到需要添加锚点的路径上，单击鼠标左键，创建一个平滑点，如图 5-133 所示。

图5-133 添加锚点

03 再次使用【添加锚点工具】 ✐⁺ 在路径上添加一个锚点，如图 5-134 所示。

图5-134 再次添加锚点

04 在工具箱中单击【直接选择工具】 ▷，对路径进行调整，效果如图 5-135 所示。

图5-135　路径效果

　　将曲线路径转换为直线线段路径，可以通过将路径的平滑点转换为角点。

　　在工具箱中选择【直接选择工具】　，在文档窗口中单击需要编辑的路径，如图5-136所示；在【钢笔工具按钮】　处单击鼠标右键，选择【转换方向点工具】　，将光标移动至需要转换的锚点上进行拖动，如图5-137所示。

图5-136　选择路径

图5-137　拖动锚点

　　将平滑点转换为角点，直接单击锚点即可，如图5-138所示。

图5-138　转换为角点

　　在工具箱中选择【直接选择工具】　，在文档窗口中选择需要删除的锚点，按Delete键删除锚点，如图5-139所示。通过此方法删除锚点后，闭合的路径会变为开放性路径。

图5-139　选择并删除锚点

　　在【钢笔工具】按钮　处单击鼠标右键，选择【删除锚点工具】　，将光标移动到需要删除的锚点的路径上，单击鼠标左键删除一个锚点，如图5-140所示。通过此方法删除锚点仅可以将选中的锚点删除，并不会将闭合路径改为开放性路径。

图5-140　选择并删除锚点

3. 连接、断开路径

① 连接路径。

● 使用【钢笔工具】连接路径。在工具箱中选择【钢笔工具】　，将光标放置在开放路径的端点上，当光标变为　时，如图5-141所示；将光标移至另一端的端点上，当光标变为🖊时，单击鼠标即可连接路径，如图 5-142 所示。

图5-141 光标效果

图5-142 连接路径

- 使用面板连接路径：选择一条开放路径，如图 5-143 所示；在菜单栏中选择【窗口】|【对象和版面】|【路径查找器】命令,打开【路径查找器】面板，单击【封闭路径】按钮🔘，即可将路径闭合，效果如图 5-144 所示。

图5-143 选择开放路径

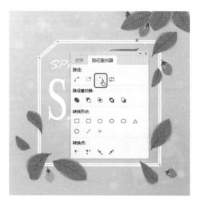

图5-144 闭合路径

② 断开路径。

- 使用【剪刀工具】断开路径:选择【直接选择工具】▷，在路径中选择需要断开的锚点，如图 5-145 所示；在工具箱中选择【剪刀工具】✂，在锚点处单击，可以将路径断开，如图 5-146 所示；选择【直接选择工具】▷，选择并拖动断开的锚点，如图 5-147 所示。

图5-145 选择锚点

图5-146 使用【剪刀工具】

图5-147　拖动断开的锚点

- 使用面板断开路径起始点：在工具箱中选择【直接选择工具】▷，在路径中选择任意锚点，如图5-148所示；在菜单栏中选择【窗口】|【对象和版面】|【路径查找器】命令，打开【路径查找器】面板，单击【开放路径】按钮 ↺，如图5-149所示。将封闭的路径断开，可以看到呈选中状态的锚点为断开的锚点，也就是路径的起始点，如图5-150所示；使用【直接选择工具】▷按住并拖动断开的锚点，即可断开路径的起始点，如图5-151所示。

图5-148　选择任意锚点

图5-149　【路径查找器】对话框

图5-150　断开起始点锚点连接

图5-151　拖动断开锚点

5.2.4　使用复合路径

在选择多条路径时，在菜单栏中选择【对象】|【路径】|【建立复合路径】命令，可以把多个路径转换为一个对象。【建立复合路径】选项与【编组】选项有些相似，它们之间的区别是：在编组状态下，组中的每个对象仍然保持其原来的属性，例如描边的颜色和宽度、填色或者渐变色等；相反，在建立复合路径时，最后一条路径的属性将被应用于所有其他的路径上。使用复合路径可以快速地制作一些其他工具难以制作的复杂图形。使用复合路径创建出的复杂形状，如图5-152所示。

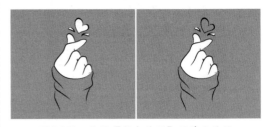

图5-152　使用【复合路径】的前后效果

1. 创建复合路径

开放路径和封闭路径以及文本等都可以创建复合路径；创建复合路径时，所有的原路径成为复合形状的子路径，并应用最后的路径的填充和描边设置。创建复合路径后，可以修改或移动任意的子路径。

在菜单栏中选择【对象】|【路径】|【建立复合路径】命令后，如果结果和预期的效果不一样，可以撤销操作，修改路径的叠放顺序，再次执行【建立复合路径】命令。

执行【建立复合路径】命令后，如果选择包含文本或图形的框架，那么最后得到的复合路径将保留最底层的框架内容，如果最底层框架内没有内容，则复合路径将保留最底层上面的框架内容，而内容被保留的框架上层的所有框架的内容将被移去。

2. 编辑复合路径

创建复合路径后，可以使用【直接选择工具】在任意的子路径上单击，拖动其锚点和方向手柄改变其形状，还可以使用【钢笔路径】、【添加锚点工具】、【删除锚点工具】和【转换方向点工具】根据自己的需要来修改子路径的形状。

在编辑复合路径时，同样可以使用【描边】面板、【色板】面板、【颜色】面板、【变换】面板以及控制栏对复合路径的外观进行编辑，所做的修改应用于所有的子路径。

如果需要删除路径，必须使用【删除锚点工具】删除其选择的锚点。如果删除的是封闭路径的一个锚点，该路径将转换为开放路径。

3. 分解复合路径

在 InDesign CC 2018 中，除了可以创建复合路径外，还可以对其进行分解。如果决定分解复合路径，在文档窗口中选择要分解的复合路径，然后在菜单栏中选择【对象】|【路径】|【释放复合路径】命令，如图 5-153 所示。最终得到的路径保存了复合路径时的属性。

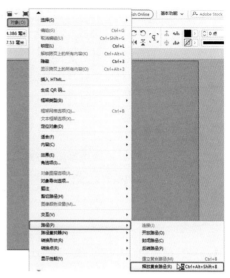

图5-153　选择【释放复合路径】命令

5.2.5　复合形状

复合形状由简单路径或复合路径、文本框架、文本轮廓或其他形状通过相加、减去或交叉等编辑的对象制作而成的。

1. 相加

在工具箱中选择【选择工具】▶，在文档窗口中选择图形对象，如图 5-154 所示；在菜单栏中选择【窗口】|【对象和版面】|【路径查找器】命令，打开【路径查找器】面板，在【路径查找器】面板中单击【相加】按钮，即可完成相加效果，如图 5-155 所示。

图5-154　选择需要相加的图形

图5-155　相加后的图形效果

2. 减去

【减去】是从最底层的对象中减去最前方的对象，被剪的对象保留其填充和描边的属性。

在工具箱中选择【选择工具】▶，在文档窗口中选择图形对象，如图5-156所示；在菜单栏中选择【窗口】|【对象和版面】|【路径查找器】命令，打开【路径查找器】面板，单击【减去】按钮，即可对选中的图形进行修剪，完成后的效果如图5-157所示。

图5-156　选择需要修剪的图形

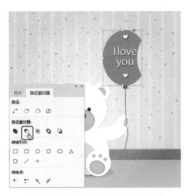

图5-157　减去后的图形效果

3. 交叉

【交叉】是将两个或两个以上对象的相交部分保留，使相交的部分成为一个新的图形对象。

在文档窗口中选择图形对象，如图5-158所示；在【路径查找器】面板中单击【交叉】按钮，完成后的效果如图5-159所示。

图5-158　选择需要编辑的图形

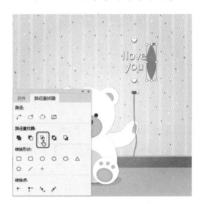

图5-159　交叉后的图形效果

4. 排除重叠

【排除重叠】是减去前面图形的重叠部分，将不重叠的部分创建成图形。

在文档窗口中选择需要进行操作的对象，在【路径查找器】面板中单击【排除重叠】按钮，完成后的效果如图5-160所示。

5. 减去后方对象

【减去后方对象】是减去后面的图形，并减去前后图形的重叠部分，保留前面图形的剩余部分。

在文档窗口中选择需要进行操作的对象，

在【路径查找器】面板中单击【减去后方对象】按钮，完成后的效果如图 5-161 所示。

图5-160 排除重叠后的图形效果

图5-161 减去后方对象后的图形效果

5.3 上机练习——制作小说书籍封面

小说是以刻画人物形象为中心，通过完整的故事情节和环境描写来反映社会生活的文学体裁。本节将介绍如何制作小说书籍封面，效果如图 5-162 所示。

图5-162 小说书籍封面

素材	素材\Cha05\小说素材01.jpg、小说素材02.jpg
场景	场景\Cha05\上机练习——制作小说书籍封面.indd
视频	视频教学\Cha05\5.3 上机练习——制作小说书籍封面.mp4

01 启动 InDesign CC 2018 软件，按 Ctrl+N 组合键，在弹出的对话框中将【宽度】、【高度】分别设置为 210 毫米、297 毫米，将【页面】设置为 3，如图 5-163 所示。

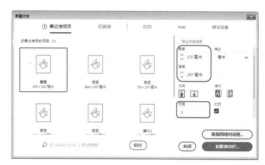

图5-163 设置新建文档参数

02 设置完成后，单击【边距和分栏】按钮，在弹出的对话框中将【上】、【下】、【内】、【外】均设置为 0 毫米，如图 5-164 所示。

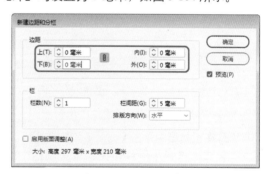

图5-164 设置边距参数

03 设置完成后，单击【确定】按钮，在【页面】面板中选择页面 2，单击右上角的 ≡ 按钮，在弹出的下拉菜单中选择【允许文档页面随机排布】命令，如图 5-165 所示。

04 在【页面】面板中选择页面 1，按住鼠标将其拖曳至页面 2 左侧，调整页面排布，效果如图 5-166 所示。

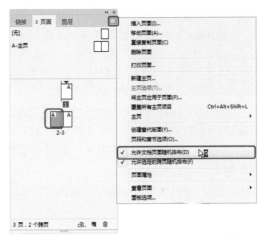

图5-165　选择【允许文档页面随机排布】命令

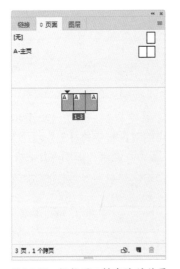

图5-166　调整页面排布后的效果

05 在工具箱中单击【页面工具】按钮，在文档窗口中选择中间的页面，在控制栏中将W设置为50毫米，如图5-167所示。

图5-167　设置页面宽度

06 在工具箱中单击【矩形工具】按钮，在文档窗口中绘制一个矩形，在【颜色】面板中将【填色】的CMYK值设置为0、0、0、10，将【描边】设置为无，在【变换】面板中将W、H分别设置为470毫米、297毫米，如图5-168所示。

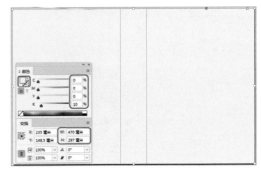

图5-168　绘制矩形并进行设置

07 按Ctrl+D组合键，在弹出的对话框中选择"素材\Cha05\小说素材01.jpg"素材文件，如图5-169所示。

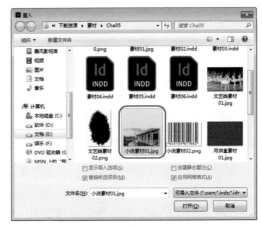

图5-169　选择素材文件

08 单击【打开】按钮，在文档窗口中单击鼠标，将选中的素材文件置入文档，并调整其大小与位置，效果如图5-170所示。

09 选中置入的素材文件，单击鼠标右键，在弹出的快捷菜单中选择【变换】|【水平翻转】命令，如图5-171所示。

10 在工具箱中单击【钢笔工具】按钮，在文档窗口中绘制如图5-172所示的图形，在【颜色】面板中将【填色】的CMYK值设置为0、0、0、0，将【描边】设置为无。

图5-170 置入素材文件

图5-171 选择【水平翻转】命令

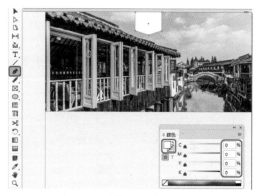

图5-172 绘制图形并进行设置

11 再次使用【钢笔工具】在文档窗口中绘制如图 5-173 所示的图形，在【颜色】面板中将【描边】的 CMYK 值设置为 0、0、0、0，在【描边】面板中将【粗细】设置为 5 点。

12 在工具箱中单击【直排文字工具】按钮，在文档窗口中绘制一个文本框，输入文字。选中输入的文字，在【字符】面板中将【字体】设置为方正书宋简体，将【字体大小】设

置为 84 点，将【字符间距】设置为 0，在【颜色】面板中将【填色】的 CMYK 值设置为 0、0、0、0，如图 5-174 所示。

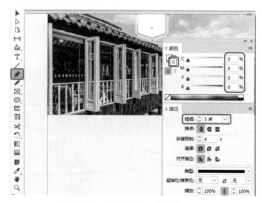

图5-173 绘制图形并进行设置

图5-174 输入文字并进行设置

13 使用同样的方法在文档窗口中输入其他文字，效果如图 5-175 所示。

图5-175 输入其他文字后的效果

14 在工具箱中单击【椭圆工具】按钮⬭，在文档窗口中按住 Shift 键绘制一个正圆形，在【颜色】面板中将【填色】设置为 0、0、0、100，将【描边】设置为无，在【变换】面板中将 W、H 均设置为 6 毫米，如图 5-176 所示。

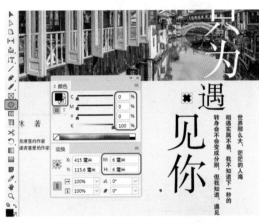

图5-176 绘制正圆形并进行设置

15 在工具箱中单击【矩形工具】按钮▭，在文档窗口中绘制一个矩形，在【颜色】面板中将【填色】的 RGB 值设置为 204、43、49，将【描边】设置为无，在【变换】面板中将 W、H 分别设置为 470 毫米、72 毫米，如图 5-177 所示。

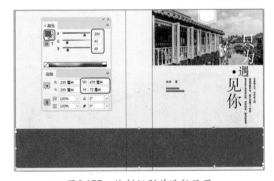

图5-177 绘制矩形并进行设置

16 根据前面所学的知识在文档窗口中创建其他图形与文字，效果如图 5-178 所示。

17 按 Ctrl+D 组合键，在弹出的对话框中选择"素材\Cha05\小说素材 02.jpg"素材文件，如图 5-179 所示。

图5-178 创建其他图形与文字后的效果

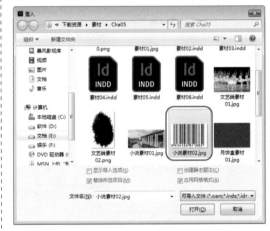

图5-179 选择素材文件

18 单击【打开】按钮，在文档窗口的空白位置单击鼠标，将选中的素材文件置入文档，并调整其位置与大小，效果如图 5-180 所示。

图5-180 置入素材文件

19 在菜单栏中选择【对象】|【生成 QR 码】命令，如图 5-181 所示。

图5-181 选择【生成QR码】命令

20 在弹出的对话框中将【类型】设置为【纯文本】，在【内容】文本框中输入"只为遇见你"，如图 5-182 所示。

图5-182 【生成QR码】对话框

21 单击【确定】按钮，在文档窗口的空白位置单击鼠标，并调整 QR 码的位置，效果如图 5-183 所示。

图5-183 插入QR码并调整其位置

5.4 思考与练习

1. 如何转换图形?

2. 复合路径的定义是什么?

第 6 章 日历的制作——设置制表符和表

在InDesign CC 2018中，不仅具有强大的绘图功能，而且还有强大的表格编辑功能，本章将介绍如何在InDesign CC 2018中编辑制表符和表。通过本章的学习，读者可以快速创建复杂而精美的表格。

基础知识
➤ 【制表符】面板
➤ 文本与表之间的转

重点知识
➤ 修改表
➤ 插入行和列

提高知识
➤ 设置单元格的样式
➤ 设置交替描边与填

每页显示一日信息的叫日历，每页显示一个月信息的叫月历，每页显示全年信息的叫年历。有多种形式，如挂历、台历、年历卡等，如今又有电子日历。挂历和台历就是由日历发展来的，随着日历向大众化、家庭化的发展，人们也把历书上的干支月令、节气及黄道吉日都印在日历上，并留下供记事用的大片空白。

6.1　制作手机日历——制表符

日历是一种主要用于记录日期以及与其相关信息的出版物。日历在中国的历史已经非常久远，是一种日常生活不可缺少的实物。如今在实物日历的基础之上又有了非常多的虚拟手机日历 App 应用，手机日历方便了人们的查看与管理。本节将介绍如何制作手机日历，效果如图 6-1 所示。

图6-1　手机日历

素材	素材\Cha06\手机日历素材01.png、手机日历素材02.png
场景	场景\Cha06\制作手机日历——制表符.indd
视频	视频教学\Cha06\6.1　制作手机日历——制表符.mp4

01 启动 InDesign CC 2018 软件，按 Ctrl+N 组合键，在弹出的对话框中将【宽度】、【高度】分别设置为 378 毫米、672 毫米，将【页面】设置为 1，如图 6-2 所示。

图6-2　设置新建文档参数

02 设置完成后，单击【边距和分栏】按钮，在弹出的对话框中将【上】、【下】、【内】、【外】均设置为 0 毫米，如图 6-3 所示。

图6-3　设置边距参数

03 设置完成后，单击【确定】按钮，在工具箱中单击【矩形工具】按钮，在文档窗口中绘制一个矩形。选中绘制的矩形，在【变换】面板中将 W、H 分别设置为 378 毫米、370 毫米，在【颜色】面板中将【描边】设置为无。单击【填色】按钮，在【渐变】面板中将【类型】设置为【线性】；单击左侧色标，在【颜色】面板中将 RGB 值设置为 248、52、30；单击右侧色标，将其 RGB 值设置为 249、102、96。在【渐变】面板中将【角度】设置为 -90°，如图 6-4 所示。

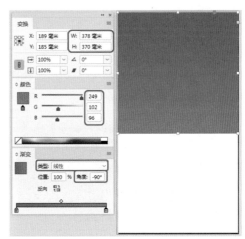

图6-4　绘制矩形并进行设置

04 在菜单栏中选择【编辑】|【透明混合空间】|【文档 RGB】命令，如图 6-5 所示。

05 按 Ctrl+D 组合键，在弹出的对话框中选择"素材\Cha06\手机日历素材 01.png"素材文件，如图 6-6 所示。

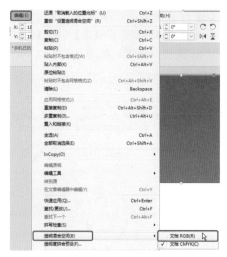

图6-5 选择【文档RGB】命令

图6-6 选择素材文件

06 单击【打开】按钮，在文档窗口中单击鼠标，将选中的素材文件置入文档，并调整其大小与位置，效果如图6-7所示。

图6-7 将素材文件置入文档中

07 使用同样的方法将"手机日历素材

02.png"素材文件置入文档，并调整文件的大小与位置，效果如图6-8所示。

图6-8 置入素材文件

08 在工具箱中单击【文字工具】按钮 T，在文档窗口中绘制一个文本框，输入文字。选中输入的文字，在【字符】面板中将【字体】设置为微软雅黑，将【字体大小】设置为55点，在【颜色】面板中将【填色】的CMYK值设置为0、0、0、0，如图6-9所示。

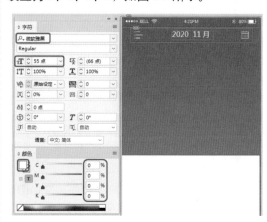

图6-9 输入文字并设置后的效果

09 在工具箱中单击【钢笔工具】按钮 ，在文档窗口中绘制如图6-10所示的图形，在【颜色】面板中将【填色】的CMYK值设置为0、0、0、0，将【描边】设置为无。

10 在工具箱中单击【选择工具】按钮 ，选中绘制的三角形，按住Alt键向右拖动鼠标，对三角形进行复制，在复制后的三角形上单击鼠标右键，在弹出的快捷菜单中选择【变换】|【水平翻转】命令，如图6-11所示。

图6-10 绘制图形并设置后的效果

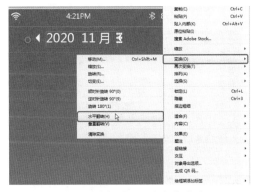

图6-11 选择【水平翻转】命令

11 在工具箱中单击【文字工具】按钮 T ，在文档窗口中绘制一个文本框，输入文字。选中输入的文字，在【字符】面板中将【字体】设置为【汉仪中黑简】，将【字体大小】设置为44点，在【颜色】面板中将【填色】的CMYK值设置为0、0、0、0，在【变换】面板中将W、H分别设置为328毫米、19.5毫米，将X、Y分别设置为191毫米、89毫米，如图6-12所示。

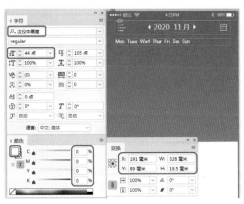

图6-12 输入文字并进行设置

12 在工具箱中单击【选择工具】按钮 ▶ ，选中输入的文字，在菜单栏中选择【文字】|【制表符】命令，如图6-13所示。

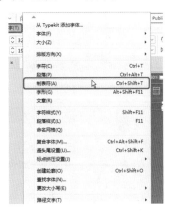

图6-13 选择【制表符】命令

13 在【制表符】面板中单击【将面板放在文本框架上方】按钮，在【制表符】面板中每隔50毫米添加一个左对齐制表符，如图6-14所示。

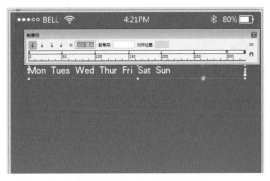

图6-14 添加左对齐制表符

疑难解答 怎么才能精准地在某个位置处添加制表符？

需要精准添加制表符时，在【制表符】面板的X文本框中输入制表符的位置，按Enter键即可精准地在某个位置添加制表符。

14 将光标置于Tues左侧，按Tab键将文字与制表符对齐，如图6-15所示。

15 使用同样的方法将其他文字与制表符对齐，对齐后的效果如图6-16所示。

16 将【制表符】面板关闭，在工具箱中单击【文字工具】按钮，在文档窗口中绘制一个文本框，输入文字。选中输入的文字，在【字符】面板中将【字体】设置为汉仪中黑简，将【字体大小】设置为48点，将【行距】设置为105点，在【颜色】面板中将【填色】的CMYK值设置为0、0、0、0，在【变换】面板中将W、H分别设置为325毫米、251毫米，并调整其位置，效果如图6-17所示。

置在文字的左侧，按Tab键将文字与制表符对齐，如图6-19所示。

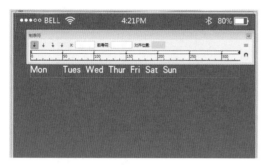

图6-15　将文字与制表符对齐

图6-18　设置填色参数

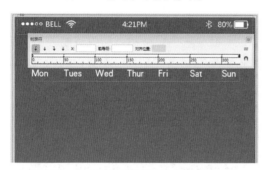

图6-16　将其他文字与制表符对齐后的效果

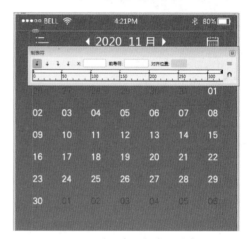

图6-19　将文字与制表符对齐

19 在工具箱中单击【椭圆工具】按钮◯，在文档窗口中按住Shift键绘制一个正圆，在【颜色】面板中将【描边】的CMYK值设置为0、0、100、0，在【描边】面板中将【粗细】设置为4点，在【变换】面板中将W、H均设置为27毫米，如图6-20所示。

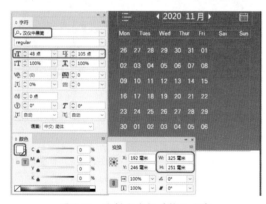

图6-17　绘制文本框并输入文字

17 将26~31、01~06的【填色】的CMYK值设置为22、86、78、0，如图6-18所示。

18 使用【选择工具】选中新绘制的文本框，在菜单栏中选择【文字】|【制表符】命令，在【制表符】面板中单击【将面板放在文本框架上方】按钮∩，在【制表符】面板中每隔50毫米添加一个左对齐制表符，并将光标依次放

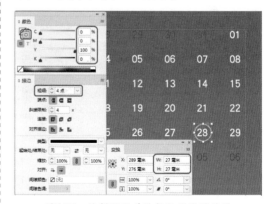

图6-20　绘制圆形并进行设置后的效果

20 再次使用【椭圆工具】在文档窗口中按住 Shift 键绘制一个正圆形，在【颜色】面板中将【填色】的 CMYK 值设置为 43、13、0、0，将【描边】设置为无，在【变换】面板中将 W、H 均设置为 26 毫米，并调整其位置，在【图层】面板中调整圆形的排放顺序，效果如图 6-21 所示。

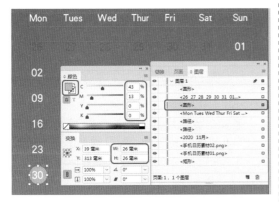

图6-21 绘制正圆形并进行设置

21 在工具箱中单击【钢笔工具】按钮，在文档窗口中绘制如图 6-22 所示的图形，在【颜色】面板中将【填色】的 CMYK 值设置为 0、0、0、0，将【描边】设置为无，在【效果】面板中选择【填充】，将【不透明度】设置为 25%，如图 6-22 所示。

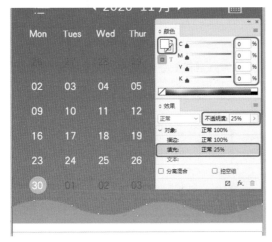

图6-22 绘制图形并设置后的效果

22 根据前面所介绍的方法在文档窗口中创建其他图形与文字，效果如图 6-23 所示。

图6-23 创建其他图形与文字后的效果

6.1.1 【制表符】面板

用户可以通过在菜单栏中选择【文字】|【制表符】命令，打开【制表符】面板，如图 6-24 所示。

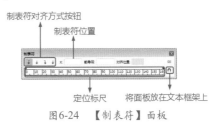

制表符对齐方式按钮
制表符位置
定位标尺 将面板放在文本框架上

图6-24 【制表符】面板

下面将介绍【制表符】面板的使用方法。

01 在菜单栏中选择【文件】|【打开】命令，在弹出的对话框中选择"素材 \Cha06\ 素材 01.indd"素材文件，如图 6-25 所示。

图6-25 选择素材文件

02 选择完成后，单击【打开】按钮，将选中的素材文件打开，如图6-26所示。

图6-26　打开的素材文件

03 选择工具箱中的【选择工具】▶，然后在文档窗口中选择文本框，如图6-27所示。

图6-27　选择文本框

04 在菜单栏中选择【文字】|【制表符】命令，如图6-28所示。

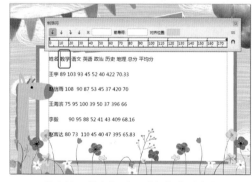

图6-28　选择【制表符】命令

05 打开【制表符】面板，单击面板中的【将面板放在文本框架上方】按钮，即可将

【制表符】面板与选中的文本框对齐，如图6-29所示。

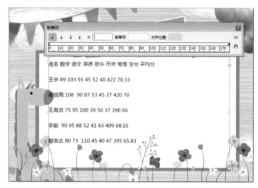

图6-29　【制表符】面板

06 在定位标尺上单击，即可添加制表符。单击并拖动制表符，即可调整制表符的位置。将制表符平均分为9份，如图6-30所示。

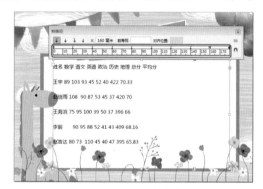

图6-30　添加制表符

07 在工具箱中单击【文字工具】按钮 T，将光标置入【数】字的左侧，如图6-31所示。

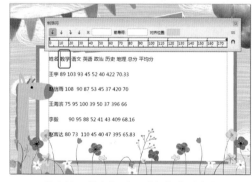

图6-31　将光标置入【数】字的左侧

08 按键盘上的 Tab 键，【数学】文字将自动向后推移至与第一个制表符对齐，效果如图6-32所示。

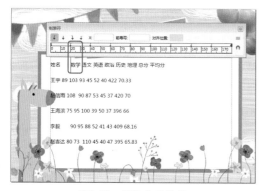

图6-32　调整文字位置

09 使用同样的方法，可以对文本框中的其他文字进行调整，如图 6-33 所示。调整完成后，单击【制表符】面板右上角的【关闭】按钮，将【制表符】面板关闭即可。

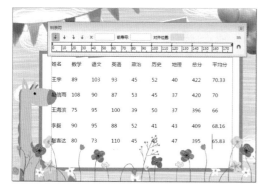

图6-33　调整其他文字位置

6.1.2 设置制表符对齐方式

在 InDesign CC 2018 中，用户可以通过【制表符】面板中的 4 个设置制表符对齐方式的功能按钮来进行对齐，它们分别是【左对齐制表符】按钮、【居中对齐制表符】按钮、【右对齐制表符】按钮和【对齐小数位（或其他指定字符）制表符】按钮。

如果需要设置制表符的对齐方式，可以在【制表符】面板中选中需要设置的制表符，如图 6-34 所示。然后在【制表符】面板中单击相应的对齐方式按钮即可。

- 【左对齐制表符】按钮：单击该按钮后，制表符停止点为文本的左侧，这是默认的制表符对齐方式。

- 【居中对齐制表符】按钮：单击该按钮后，制表符停止点为文本的中心，效果如图 6-35 所示。

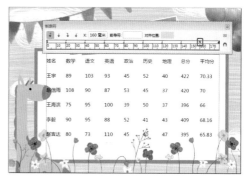

图6-34　选中制表符

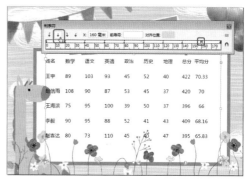

图6-35　居中对齐制表符

- 【右对齐制表符】按钮：单击该按钮后，制表符停止点为文本的右侧，效果如图 6-36 所示。

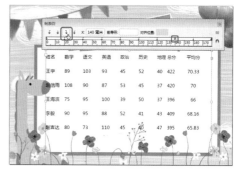

图6-36　右对齐制表符

- 【对齐小数位（或其他指定字符）制表符】按钮：单击该按钮后，制表符停止点为文本的小数点位置，如果文本中没有小数点，InDesign 会假设小数点在文本的最后面，效果如图 6-37 所示。

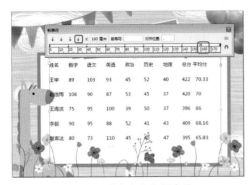

图6-37　对齐小数位制表符

6.1.3 【前导符】文本框

在【前导符】文本框中输入字符后，可以将输入的字符填充到每个制表符之间的空白处，在该文本框中最多可以输入8个字符作为填充，但不可以输入特殊类型的空格，如窄空格或细空格等。

在【制表符】面板中选中一个制表符，如图6-38所示。然后在【前导符】文本框中输入字符，并按Enter键确认，即可在空白处填充输入的字符，效果如图6-39所示。

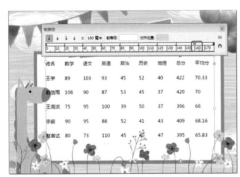

图6-38　选中制表符

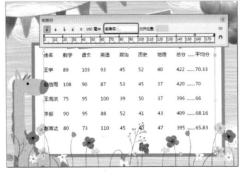

图6-39　填充字符

6.1.4 【对齐位置】文本框

当在【制表符】面板中单击【对齐小数位（或其他指定字符）制表符】按钮 ↓ 后，可以在【对齐位置】文本框中设置对齐的对象，默认为"."。

在【制表符】面板中选中一个制表符，如图6-40所示。然后单击【对齐小数位（或其他指定字符）制表符】按钮 ↓ ，并在【对齐位置】文本框中输入字符作为对齐的对象，例如输入"#"，输入完成后按Enter键确认，效果如图6-41所示。如果在文本中没有发现所输入的字符时，将会假设该字符是每个文本对象的最后一个字符。

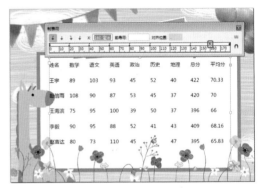

图6-40　选中制表符

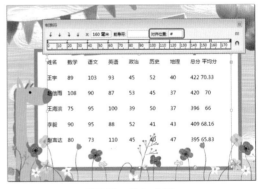

图6-41　输入"#"

6.1.5 通过X文本框移动制表符

在【制表符】面板中的X文本框（制表符位置文本框）中可以精确地调整选中的制表符的位置。

在【制表符】面板中选中一个需要调整的制表符，如图 6-42 所示。然后在 X 文本框中输入数值，并按 Enter 键确认，即可将选中的制表符调整到指定的位置，如图 6-43 所示。

图6-42 选择制表符

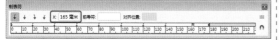

图6-43 输入数值

6.1.6 定位标尺

定位标尺中的三角形缩进块可以显示和控制选定文本的首行、左缩进、右缩进，左侧是由两个三角形组成的缩进块，拖动上面的三角形可以调整首行缩进位置，下面的三角形可以调整左侧的缩进距离，右侧的三角形可以调整右侧的缩进距离，如图 6-44 所示。

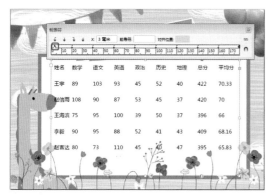

图6-44 定位标尺

6.1.7 【制表符】面板菜单

单击【制表符】面板右上角的按钮，在弹出的下拉菜单中可以选择需要应用的命令，包括【清除全部】、【删除制表符】、【重复制表符】和【重置缩进】，如图 6-45 所示。

图6-45 【制表符】面板菜单

1. 清除全部

当在下拉菜单中选择【清除全部】命令时，可以删除所有已经创建的制表符，所有使用制表符放置的文本全部恢复到最初的位置，清除前与清除后的效果如图 6-46 所示。

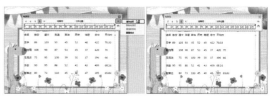

图6-46 清除制表符前与清除后的效果

2. 删除制表符

在 InDesign CC 2018 中，如果不想将所有的制表符清除，用户可以删除单个制表符，其具体操作步骤如下。

01 在【制表符】面板中选择一个要删除的制表符，如图 6-47 所示。

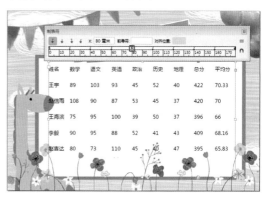

图6-47 选择要删除的制表符

02 单击【制表符】面板右上角的按钮，在弹出的下拉菜单中可以选择【删除制表符】命令，如图 6-48 所示。

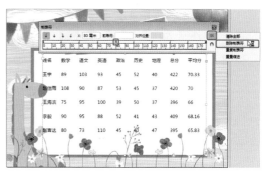

图6-48 选择【删除制表符】命令

03 执行该命令后即可将选中的制表符删除，如图 6-49 所示。

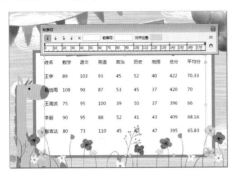

图6-49　删除后的效果

3. 重复制表符

当在【制表符】面板下拉菜单中选择【重复制表符】命令后，可以自动测量选中的制表符与左边距之间的距离，并将被选中的制表符之后的所有制表符全部替换成选中的制表符。

4. 重置缩进

当在【制表符】面板下拉菜单中选择【重置缩进】命令后，可以将文本框中的缩进设置全部恢复成默认设置。

6.2 制作台历——创建表

台历（Desk calendar）原意指放在桌几上的日历，现在有桌面台历和电子台历。主要品种有各种商务台历、纸架台历、水晶台历、记事台历、便签式台历、礼品台历、个性台历等，本节将介绍如何制作台历，效果如图 6-50 所示。

图6-50　台历

素材	素材\Cha06\台历素材01.jpg、台历素材02.png
场景	场景\Cha06\制作台历——创建表.indd
视频	视频教学\Cha06\6.2　制作台历——创建表.mp4

01 启动 InDesign CC 2018 软件，按 Ctrl+N 组合键，在弹出的对话框中将【宽度】、【高度】分别设置为 216 毫米、288 毫米，将【页面】设置为 1，如图 6-51 所示。

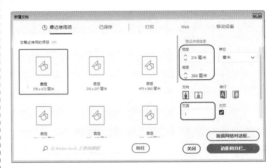

图6-51　设置新建文档参数

02 设置完成后，单击【边距和分栏】按钮，在弹出的对话框中将【上】、【下】、【内】、【外】均设置为 0，如图 6-52 所示。

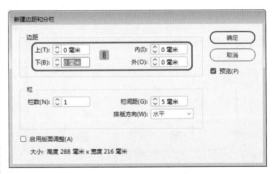

图6-52　设置边距参数

03 单击【确定】按钮，按 Ctrl+D 组合键，在弹出的对话框中选择"素材 \Cha06\ 台历素材 01.jpg"素材文件，如图 6-53 所示。

04 单击【打开】按钮，在文档窗口中单击鼠标，将选中的素材文件置入文档，并调整其位置与大小，效果如图 6-54 所示。

05 使用同样的方法将"台历素材02.png"素材文件置入文档，并调整其位置，效果如图 6-55 所示。

图6-53 选择素材文件

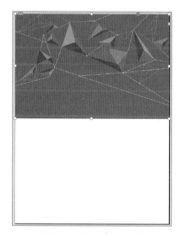

图6-54 置入素材文件

图6-55 再次置入素材文件

06 在工具箱中单击【矩形工具】按钮 ▭ ，在文档窗口中绘制一个矩形，在【颜色】面板中将【填色】的 CMYK 值设置为 0、0、0、3，将【描边】设置为无，在【变换】面板中将 W、H 分别设置为 216 毫米、144 毫米，并调整其位置，效果如图6-56所示。

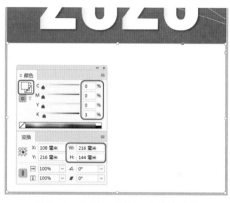

图6-56 绘制矩形并设置后的效果

07 在【色板】面板中单击 ≡ 按钮，在弹出的下拉菜单中选择【新建颜色色板】命令，如图6-57所示。

图6-57 选择【新建颜色色板】命令

08 在弹出的对话框中将【颜色模式】设置为 CMYK，将【青色】、【洋红色】、【黄色】、【黑色】分别设置为 6、96、75、0，如图6-58所示。

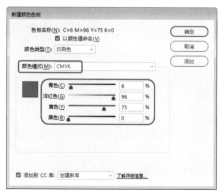

图6-58 设置颜色参数

09 设置完成后，单击【确定】按钮，使用同样的方法再在【色板】面板中新建【青色】、【洋红色】、【黄色】、【黑色】分别设置为0、0、0、40与【青色】、【洋红色】、【黄色】、【黑色】分别设置为15、93、77、0的色板，如图6-59所示。

图6-59　新建色板

10 在工具箱中单击【文字工具】按钮 **T**，在文档窗口中绘制一个文本框，输入文字。选中输入的文字，在【字符】面板中将【字体】设置为【微软雅黑】，将【字体大小】设置为14点，在【变换】面板中将W、H分别设置为161毫米、10毫米，如图6-60所示。

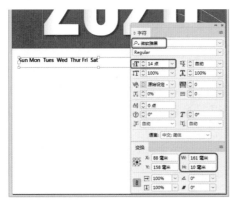

图6-60　绘制文本框并输入文字

11 在工具箱中单击【选择工具】按钮 ▶，在文档窗口中选择绘制的文本框，在菜单栏中选择【文字】|【制表符】命令，在弹出的【制表符】面板中单击【将面板放在文本框架上方】按钮 ∩，分别在【制表符】面板中的23、46、69、92、115、138的位置处添加左对齐

制表符，并将文字分别与制表符对齐，效果如图6-61所示。

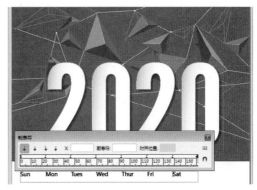

图6-61　添加制表符并将文本与制表符对齐

12 关闭【制表符】面板，使用【文字工具】**T** 将文本选中，在菜单栏中选择【表】|【将文本转换为表】命令，如图6-62所示。

图6-62　选择【将文本转换为表】命令

13 在弹出的对话框中将【列分隔符】设置为【制表符】，其他使用默认设置即可，如图6-63所示。

图6-63　设置列分隔符

14 设置完成后，单击【确定】按钮，即可将选中的文字转换为表格。在文档窗口中将光标移至表格底部的边框上，按住鼠标向下拖动，调整表格的高度。选中所有的表格，在

控制栏中单击【居中对齐】按钮≡，然后再单击表格组中的【居中对齐】，如图6-64所示。

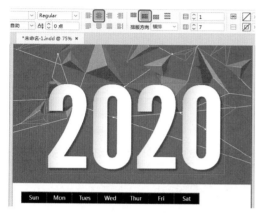

图6-64　设置对齐方式

15 在文档窗口中选择如图6-65所示的表格，在【色板】面板中单击【C=0 M=0 Y=0 K=40】色板。

图6-65　选择色板

16 将第一列与最后一列单元格的填充颜色的CMYK值设置为C=6、M=96、Y=75、K=0，如图6-66所示。

图6-66　设置单元格颜色

17 在文档窗口中选中所有单元格，在

【色板】面板中单击【格式针对文本】按钮T，将【填色】设置为【纸色】，如图6-67所示。

图6-67　设置文本填色

18 继续选中表格，单击鼠标右键，在弹出的快捷菜单中选择【表选项】|【表设置】命令，如图6-68所示。

图6-68　选择【表设置】命令

19 在弹出的对话框中选择【表设置】选项卡，在【表外框】选项组中将【粗细】设置为0点，如图6-69所示。

图6-69　设置表外框粗细

20 然后选择【列线】选项卡，将【交替模式】设置为【自定列】，在【交替】选项组中将【颜色】都设置为纸色，如图6-70所示。

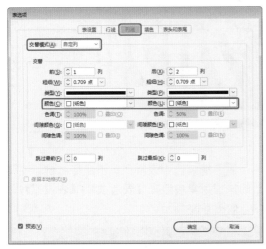

图6-70　设置列线参数

21 设置完成后，单击【确定】按钮，在工具箱中单击【文字工具】按钮，在文档窗口中绘制一个文本框，输入文字，选中输入的文字。在【字符】面板中将【字体】设置为微软雅黑，将【字体大小】设置为14点，在【变换】面板中将W、H分别设置为161毫米、116毫米，并将文字设置相应文字的颜色，效果如图6-71所示。

💡 提　示

在此输入文字时，每组数字之间按Tab键进行隔开。

22 选中输入的文本，在菜单栏中选择【表】|【将文本转换为表】命令，在弹出的对话框中将【列分隔符】设置为【制表符】，单击【确定】按钮。在文档窗口中调整表格的高度，并选中表格，单击鼠标右键，在弹出的快捷菜单中选择【均匀分布行】命令，如图6-72所示。

图6-71　输入文字并进行设置

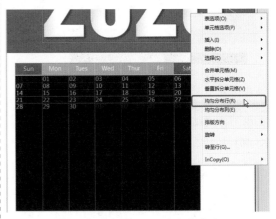

图6-72　选择【均匀分布行】命令

23 继续选中插入的表格，单击鼠标右键，在弹出的快捷菜单中选择【表选项】|【表设置】命令，如图6-73所示。

图6-73　选择【表设置】命令

24 在弹出的对话框中选择【表设置】选项卡，在【表外框】选项组中将【粗细】设置为0.5点，将【颜色】设置为C=0、M=0、Y=0、K=40，如图6-74所示。

图6-74 设置表外框

25 在【表选项】对话框中选择【行线】选项卡，将【交替模式】设置为【自定行】，将【粗细】均设置为 0.5 点，将【颜色】均设置为 C=0、M=0、Y=0、K=40，如图 6-75 所示。

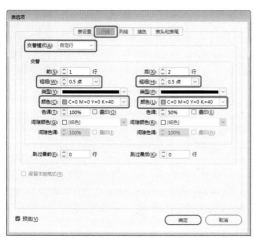

图6-75 设置行线

26 在该对话框中选择【列线】选项卡，将【交替模式】设置为【自定行】，将【粗细】均设置为 0.5 点，将【颜色】均设置为 C=0、M=0、Y=0、K=40，如图 6-76 所示。

27 设置完成后，单击【确定】按钮。继续选中该表格，单击鼠标右键，在弹出的快捷菜单中选择【单元格选项】|【文本】命令，在弹出的对话框中将【单元格内边距】选项组中的【上】、【下】、【左】、【右】均设置为 2 毫米，如图 6-77 所示。

图6-76 设置列线

图6-77 设置单元格内边距

28 设置完成后，单击【确定】按钮。根据前面所介绍的方法创建其他表格，并进行相应的设置，效果如图 6-78 所示。

图6-78 设置并创建其他表格后的效果

29 在工具箱中单击【矩形工具】按钮，在文档窗口中绘制一个矩形，选中绘制的矩形，在【色板】面板中选择【C=6、M=96、Y=75、K=0】色板，在【变换】面板中将 W、H 分别设置为 37 毫米、126 毫米，将 X、Y 分别设置为 192 毫米、216 毫米，如图 6-79 所示。

图6-79　绘制矩形并进行设置

30 在工具箱中单击【文字工具】按钮，在文档窗口中绘制一个文本框，输入文字。选中输入的文字，在【字符】面板中将【字体】设置为方正小标宋简体，将【字体大小】设置为 30 点，在【颜色】面板中将【填色】的 CMYK 值设置为 0、0、0、0，并调整其位置，如图 6-80 所示。

图6-80　绘制文本框并输入文字

31 使用【文字工具】在文档窗口中绘制一个文本框，输入文字。选中输入的文字，在【字符】面板中将【字体】设置为方正小标宋简体，将【字体大小】设置为 14 点，将【字符间距】设置为 400，在【颜色】面板中将【填色】的 CMYK 值设置为 0、0、0、0，并调整其位置，如图 6-81 所示。

图6-81　再次输入文字并设置后的效果

32 根据相同的方法在文档窗口中创建其他文字，进行设置后的效果如图 6-82 所示。

图6-82　创建其他文字后的效果

6.2.1　文本和表之间的转换

在 InDesign CC 2018 中，为了方便操作，用户可以在 InDesign CC 2018 中进行文本和表之间的相互转换，本节将对其进行简单介绍。

1. 将表转换为文本

下面介绍将表转换为文本的具体操作步骤。

01 启动 InDesign CC 2018 软件，按 Ctrl+O 组合键，在弹出的对话框中选择"素材 \Cha06\ 素材 02.indd"文件，如图 6-83 所示。

02 选择完成后，单击【打开】按钮，打开的素材文件如图 6-84 所示。

03 在工具箱中选择【文字工具】T，然后单击并拖动鼠标选择需要转换为文本的表，如图 6-85 所示。

图6-83 选择素材文件

图6-86 【将表转换为文本】命令

图6-87 【将表转换为文本】对话框

数码产品订购单表格图

图6-84 打开的素材文件

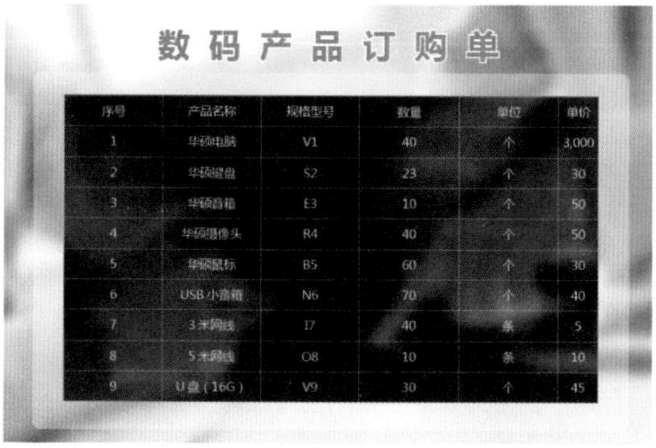

数码产品订购单表格图

图6-85 选择表格

04 在菜单栏中选择【表】|【将表转换为文本】命令，如图 6-86 所示。

05 执行该命令后，弹出【将表转换为文本】对话框，在这里使用默认设置即可，如图 6-87 所示。

06 然后单击【确定】按钮，即可将表转换为文本，效果如图 6-88 所示。

数码产品订购单图

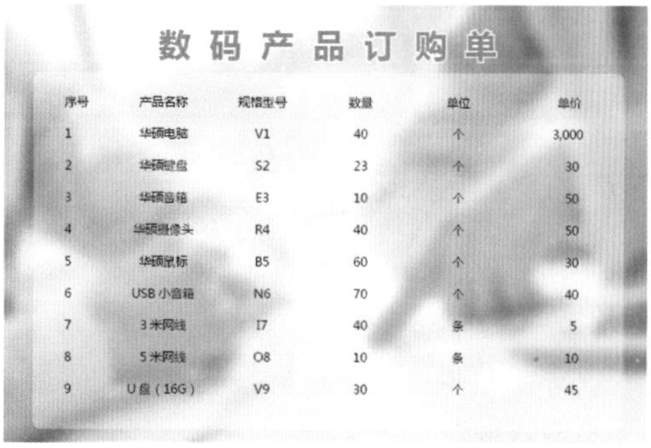

图6-88 将表转换为文本

2. 将文本转换为表

下面介绍将文本转换为表的具体操作步骤。

01 继续上面的操作，使用【文字工具】在文档窗口中选择要转换为表的文本，如图 6-89 所示。

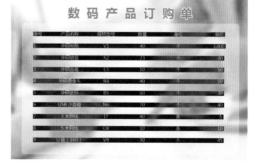

图6-89 选择要转换为表的文本

02 在菜单栏中选择【表】|【将文本转换为表】命令，如图 6-90 所示。

图6-90　选择【将文本转换为表】命令

03 弹出【将文本转换为表】对话框，在该对话框中将【列分隔符】设置为【制表符】，将【行分隔符】设置为【段落】，如图 6-91 所示。

图6-91　设置列分隔符与行分隔符

04 然后单击【确定】按钮，将文本转换为表后的效果如图 6-92 所示。

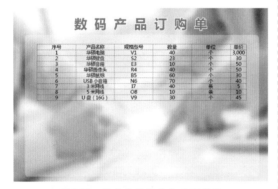

图6-92　将文本转换为表后的效果

6.2.2　在表中添加图像

本节将介绍向表中添加图像的具体操作步骤。

01 在需要添加图形的单元格中单击插入光标，如图 6-93 所示。

02 按 Ctrl+D 组合键，在弹出的对话框中选择"素材 \Cha06\ 素材 03.png"素材文件，如图 6-94 所示。

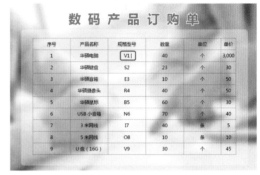

图6-93　将光标置入单元格中

图6-94　选择素材文件

03 单击【打开】按钮，在文本框中调整该图像的大小，调整后的效果如图 6-95 所示。

图6-95　调整后的效果

6.2.3　修改表

表创建完成后，用户可以根据需要，使用

InDesign CC 2018 中提供的多种方法来修改创建的表。例如，为单元格添加对角线，调整行、列或表的大小，合并与拆分单元格，插入行和列，删除行、列或表等。

1. 选择单元格

下面将介绍选择单元格的具体操作步骤。

01 启 动 InDesign CC 2018 软 件， 按 Ctrl+O 组合键，在弹出的对话框中选择"素材 \ Cha06\ 素材 04.indd"文件，如图 6-96 所示。

图6-96 选择素材文件

02 选择完成后，单击【打开】按钮，打开的素材文件如图 6-97 所示。

图6-97 打开的素材文件

03 在工具箱中选择【文字工具】 T，在要选择的单元格内单击，如图 6-98 所示。

04 在菜单栏中选择【表】|【选择】|【单元格】命令，即可将单元格选中，如图 6-99 所示。

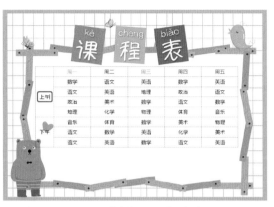

图6-98 将光标置入单元格中

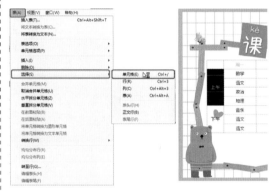

图6-99 选择单元格

2. 选择整行或整列

在 InDesign CC 2018 中，用户可以根据需要选择整行或整列单元格，下面将对其进行简单介绍。

使用【文字工具】 T 在单元格内单击，或选择单元格中的文本，在菜单栏中选择【表】|【选择】|【行】命令或【列】命令，即可选中单元格所在的整行或整列。

选择【文字工具】 T，将鼠标指针移到要选择的行的左边缘，当鼠标指针变为 ➡ 形状时，单击鼠标左键，即可选中整行，效果如图 6-100 所示。

选择【文字工具】 T，将鼠标指针移到要选择的列的上边缘，当鼠标指针变为 ⬇ 形状时，单击鼠标左键，即可选中整列，效果如图 6-101 所示。

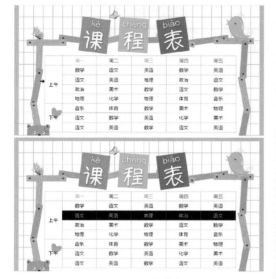

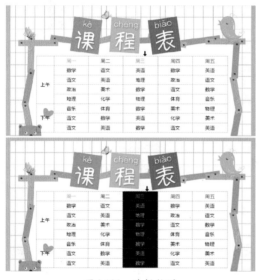

图6-100　选择整行

图6-102　将光标置入单元格中

图6-101　选择整列

3. 选择表

下面将介绍选择整个表的具体操作步骤。

01 使用【文字工具】 T 在任意一个单元格内单击，或选择单元格中的文本，如图 6-102 所示。

02 在菜单栏中选择【表】|【选择】|【表】命令，如图 6-103 所示。

图6-103　选择【表】命令

03 执行该命令后，即可选择整个表，效果如图 6-104 所示。

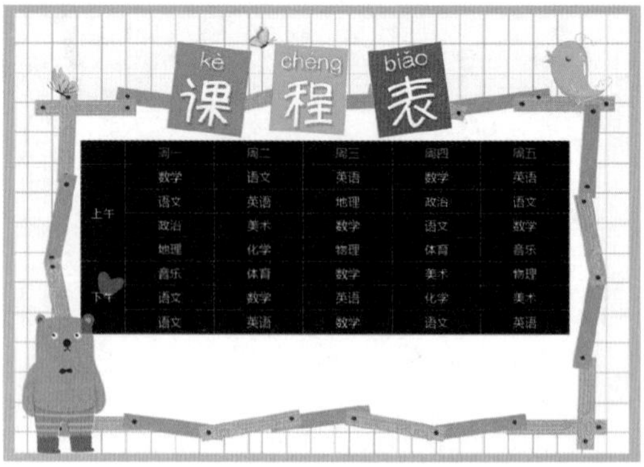

图6-104　选择整个表

选择【文字工具】 T，将鼠标指针移到表的左上角，当其指针变为 ↘ 形状时，单击鼠标左键，即可选中整个表，效果如图 6-105 所示。

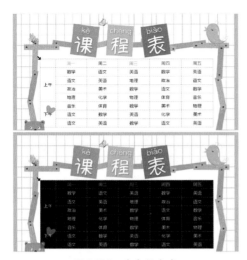

图6-105 选中整个表

4. 选择所有表头行、表尾行或正文行

使用【文字工具】 T 在任意一个单元格内单击，或选择单元格中的文本，在菜单栏中选择【表】|【选择】|【表头行】命令，如图6-106所示。即可选中所有表头行，如图6-107所示。

图6-106 选择【表头行】命令

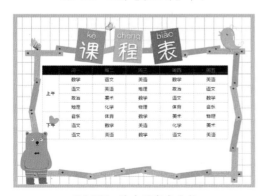

图6-107 选中所有表头行

如果在菜单栏中选择【表】|【选择】|【表尾行】命令，即可选中所有表尾行。

如果在菜单栏中选择【表】|【选择】|【正文行】命令，即可选中所有正文行，如图6-108所示。

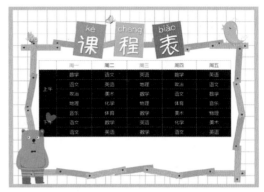

图6-108 选择正文行

6.2.4 为单元格添加对角线

在 InDesign CC 2018 中，用户可以根据需要为单元格添加对角线，其具体操作步骤如下。

01 使用【文字工具】 T 在需要添加对角线的单元格中单击插入光标，如图6-109所示。

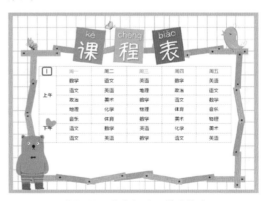

图6-109 将光标置入单元格中

02 在菜单栏中选择【表】|【单元格选项】|【对角线】命令，如图6-110所示。

03 在弹出的【单元格选项】对话框中单击【从左上角到右下角的对角线（同5023）】按钮 ⌐，其他参数使用默认设置，如图6-111所示。

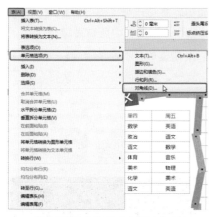

图6-110　选择【对角线】命令

图6-111　【单元格选项】对话框

04 设置完成后单击【确定】按钮，添加对角线后的效果如图 6-112 所示。

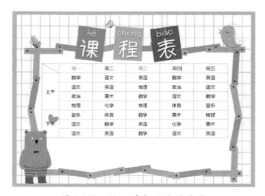

图6-112　添加对角线后的效果

6.2.5　调整行高、列宽与表的大小

在 InDesign CC 2018 中，用户可以根据需要对行、列或表的大小进行调整。

1. 调整行和列的大小

01 使用【文字工具】 T 在单元格内单击，如图 6-113 所示。

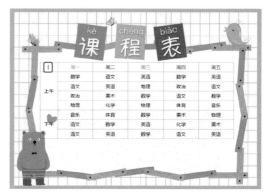

图6-113　在单元格内单击

02 在菜单栏中选择【表】|【单元格选项】|【行和列】命令，如图 6-114 所示。

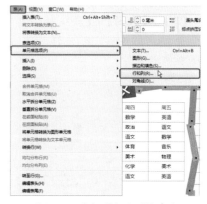

图6-114　选择【行和列】命令

03 在弹出的【单元格选项】对话框中，将【行高】设置为【精确】，在右侧的文本框中输入 20 毫米，如图 6-115 所示。

图6-115　设置行高参数

04 设置完成后，单击【确定】按钮，即可调整光标所在单元格的行高，效果如图 6-116 所示。

图6-116　调整后的效果

2. 调整表的大小

选择【文字工具】 T，将鼠标指针放置在表的右下角，如图 6-117 所示。当鼠标指针变为 ↘ 样式时，单击并向下或向上拖动鼠标，即可增大或减小表的大小，如图 6-118 所示。

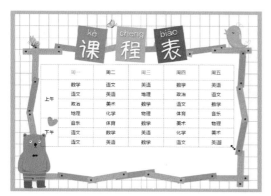

图6-117　将鼠标放置在表的右下角

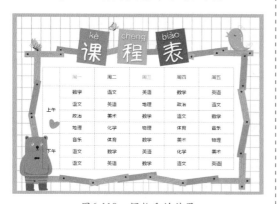

图6-118　调整后的效果

3. 均匀分布行或列

下面将介绍均匀分布行或列的具体操作步骤。

01 选中要进行操作的表，在菜单栏中选择【表】|【均匀分布列】命令，如图 6-119 所示。

图6-119　选择【均匀分布列】命令

02 执行该操作后，即可均匀分布选择的列，效果如图 6-120 所示。

图6-120　均匀分布各列

在 InDesign CC 2018 中，用户可以使用同样的方法对行进行平均分布。

6.2.6　插入行和列

在使用表的过程中，可以根据需要在表内插入行和列。在 InDesign CC 2018 中可以一次插入一行或一列，也可以同时插入多行或多列。

1. 插入行

01 使用【文字工具】 T 在单元格中单击插入光标，如图 6-121 所示。

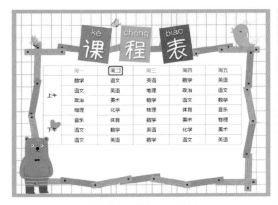

图6-121　单击插入光标

02 在菜单栏中选择【表】|【插入】|【行】命令，弹出【插入行】对话框。在该对话框中，【行数】选项用于设置需要插入的行数，【上】和【下】单选按钮用于指定新行将显示在选择单元格所在行的上面还是下面，如图6-122所示。然后单击【确定】按钮，插入行后的效果如图6-123所示。

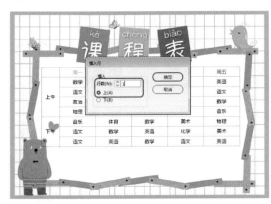

图6-122　设置参数

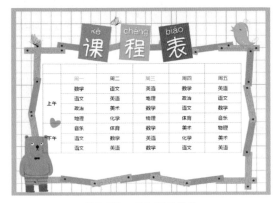

图6-123　插入行的效果

2. 插入列

使用【文字工具】 T 在单元格中单击插入光标，如图6-124所示。在菜单栏中选择【表】|【插入】|【列】命令，弹出【插入列】对话框。在该对话框中，【列数】选项用于设置需要插入的列数，【左】和【右】单选按钮用于指定新列将显示在选择单元格所在列的左边还是右边，如图6-125所示。然后单击【确定】按钮，插入列后的效果如图6-126所示。

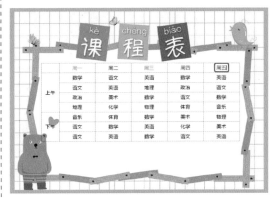

图6-124　单击插入光标

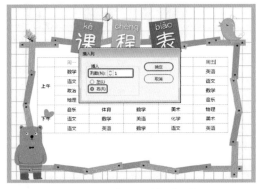

图6-125　【插入列】对话框

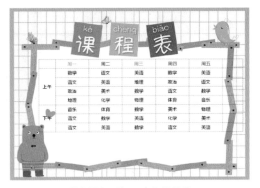

图6-126　插入列后的效果

3. 插入多行和多列

01 使用【文字工具】 T.在单元格中单击插入光标，如图 6-127 所示。在菜单栏中选择【表】|【表选项】|【表设置】命令，如图 6-128 所示。

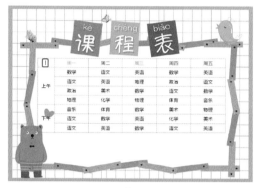

图6-127　单击插入光标

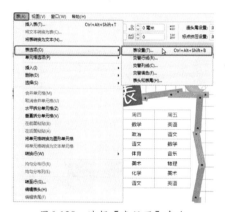

图6-128　选择【表设置】命令

02 弹出【表选项】对话框，在该对话框中将【正文行】设置为 8，将【列】设置为 7，如图 6-129 所示。设置完成后单击【确定】按钮，即可插入多行和多列，效果如图 6-130 所示。

图6-129　设置行与列参数

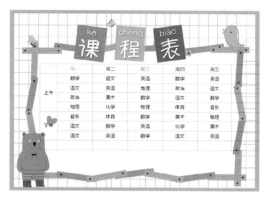

图6-130　插入多行和多列

6.2.7　删除行、列或表

使用【文字工具】 T.在需要删除的行的任意一个单元格中单击插入光标，在菜单栏中选择【表】|【删除】|【行】命令，即可将单元格所在的行删除。

使用【文字工具】 T.在需要删除的列的任意一个单元格中单击插入光标，在菜单栏中选择【表】|【删除】|【列】命令，即可将单元格所在的列删除。

使用【文字工具】 T.在任意一个单元格中单击插入光标，在菜单栏中选择【表】|【删除】|【表】命令，即可将表删除。

6.2.8　合并和拆分单元格

本节将介绍如何合并和拆分单元格。合并就是指把两个或多个单元格合并为一个单元格。与合并不同，拆分是把一个单元格拆分为两个单元格。

1. 合并单元格

选择【文字工具】 T.，拖动鼠标将需要合并的单元格选中，如图 6-131 所示。在菜单栏中选择【表】|【合并单元格】命令，即可将选中的单元格合并，如图 6-132 所示。

🏷 提　示

在 InDesign CC 2018 中，如果需要取消单元格的合并，在菜单栏中选择【表】|【取消合并单元格】命令即可。

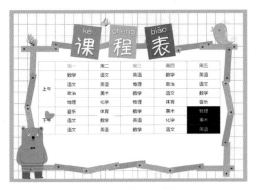

图6-131　选择单元格

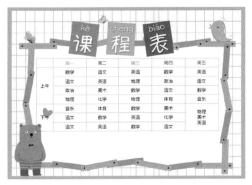

图6-132　合并单元格

2. 拆分单元格

使用【文字工具】T 选择需要拆分的单元格，如图6-133所示。在菜单栏中选择【表】|【水平拆分单元格】命令，如图6-134所示。

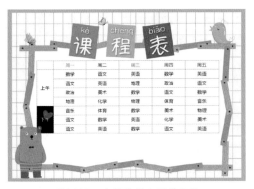

图6-133　选择要拆分的单元格

💬 提 示

在 InDesign CC 2018 中，当用户选择要拆分的单元格后，可单击鼠标右键，在弹出的快捷菜单中选择【水平拆分单元格】或【垂直拆分单元格】命令，如图 6-135 所示。

图6-134　选择【水平拆分单元格】命令

图6-135　快捷菜单中的拆分命令

垂直拆分单元格后的效果如图 6-136 所示。

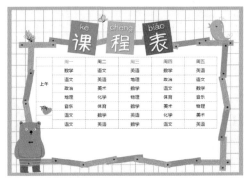

图6-136　垂直拆分单元格后的效果

6.2.9　设置单元格的格式

在 InDesign CC 2018 中，用户可以通过使用【单元格选项】对话框来更改单元格的边距、对齐方式以及排版方向等，本节将对其进行简单介绍。

1. 更改单元格的内边距

下面将介绍更改单元格的内边距的具体操

作步骤。

01 启动 InDesign CC 2018 软件，按 Ctrl+O 组合键，在弹出的对话框中选择"素材\Cha06\素材 05.indd"文档，如图 6-137 所示。

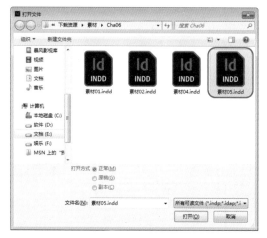

图6-137　选择素材文件

02 选择完成后，单击【打开】按钮，打开的素材文件如图 6-138 所示。

图6-138　打开的素材文件

03 选择【文字工具】 T ，拖动鼠标选择需要更改内边距的单元格，如图 6-139 所示。

图6-139　选择单元格

04 在菜单栏中选择【表】|【单元格选项】|【文本】命令，如图 6-140 所示。

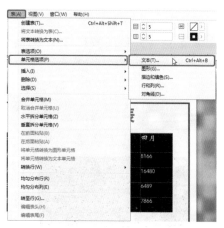

图6-140　选择【文本】命令

05 弹出【单元格选项】对话框，在【单元格内边距】选项组中将【上】、【下】、【左】、【右】均设置为 3 毫米，如图 6-141 所示。

图6-141　【单元格选项】对话框

06 设置完成后，单击【确定】按钮，效果如图 6-142 所示。

图6-142　设置后的效果

2. 改变单元格中文本的对齐方式

下面将介绍改变单元格中文本的对齐方式的具体操作步骤。

01 选择【文字工具】 T ，拖动鼠标选择需要更改对齐方式的文本，如图 6-143 所示。

图6-143　选择文本

02 在菜单栏中选择【表】|【单元格选项】|【文本】命令，如图 6-144 所示。

图6-144　选择【文本】命令

03 在弹出的【单元格选项】对话框中将【垂直对齐】选项组的【对齐】设置为【居中对齐】，如图 6-145 所示。

04 设置完成后，单击【确定】按钮，即可改变选中文本的对齐方式，效果如图6-146所示。

图6-145　设置对齐方式

图6-146　改变后的效果

3. 旋转文本

下面将介绍旋转单元格中的文本的具体操作步骤。

01 使用【文字工具】 T 选择需要进行旋转的文本，如图 6-147 所示。

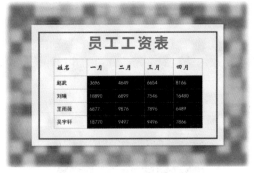

图6-147　选择要进行旋转的文本

02 在菜单栏中选择【表】|【单元格选项】|【文本】命令，弹出【单元格选项】对话框，在【文本旋转】选项组的【旋转】下拉列表中选择180°，如图 6-148 所示。

图6-148　选择旋转角度

03 选择完成后，单击【确定】按钮，即可改变旋转角度，效果如图 6-149 所示。

图6-149　旋转后的效果

4. 更改排版方向

在 InDesign CC 2018 中，用户可以根据需要对单元格中文字的排版方向进行更改，下面介绍更改文字的排版方向的具体操作步骤。

01 使用【文字工具】 T 选择要更改排版方向的文本，如图 6-150 所示。

图6-150　选择文本

02 在菜单栏中选择【表】|【单元格选项】|【文本】命令，弹出【单元格选项】对话框，在【排版方向】下拉列表中选择【垂直】，如图 6-151 所示。

图6-151　设置排版方向

03 然后单击【确定】按钮即可，选择【垂直】排版方向后的效果如图 6-152 所示。

图6-152　垂直排版后的效果

6.2.10　添加表头和表尾

除了在创建表时可以添加表头行和表尾行外，还可以将正文行转换为表头行或表尾行，也可以使用【表选项】对话框来添加表头行和表尾行并更改它们在表中的显示方式。

1. 将现有行转换为表头行或表尾行

选择【文字工具】 T ，在第一行的任意一个单元格中单击插入光标，然后在菜单栏中选择【表】|【转换行】|【到表头】命令，即可将现有行转换为表头行。

选择【文字工具】 T ，在最后一行的任意

一个单元格中单击插入光标，然后在菜单栏中选择【表】|【转换行】|【到表尾】命令，即可将现有行转换为表尾行。

2.更改表头行或表尾行选项

使用【文字工具】 T,在表中的任意一个单元格中单击插入光标，然后在菜单栏中选择【表】|【表选项】|【表头和表尾】命令，弹出【表选项】对话框，如图 6-153 所示。

图6-153 【表选项】对话框

- 【表尺寸】选项组：在该选项组的【表头行】和【表尾行】文本框中指定表头行或表尾行的数量，可以在表的顶部或底部添加空行。

- 【表头】和【表尾】选项组：在这两个选项组的【重复表头】和【重复表尾】文本框中指定表头或表尾中的信息是显示在每个文本栏中，还是每个文本框架显示一次，或是每页只显示一次。如果不希望表头信息显示在表的每一行中，则勾选【跳过最前】复选框；若不希望表尾信息显示在表的最后一行中，则勾选【跳过最后】复选框。

6.2.11 为表添加描边与填色

在 InDesign CC 2018 中，用户可以根据需要为表添加描边与填色，使其更加美观。用户可以通过多种方式将描边（表格线）和填色添加到表中。使用【表选项】对话框可以更改表边框的描边，并向列和行中添加交替描边和填

色。如果要更改个别单元格或表头/表尾单元格的描边和填色，可以使用【单元格选项】对话框，或者使用【色板】面板、【描边】面板和【颜色】面板等。

1.设置表的描边

下面将介绍为表设置描边的具体操作步骤。

01 启动 InDesign CC 2018 软件，按 Ctrl+O 组合键，在弹出的对话框中选择"素材\Cha06\素材 06.indd"文档，如图 6-154 所示。

图6-154 选择素材文件

02 选择完成后，单击【打开】按钮，打开的素材文件如图 6-155 所示。

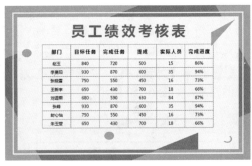

图6-155 打开的素材文件

03 使用【文字工具】 T,在任意一个单元格中单击插入光标，如图 6-156 所示。

04 在菜单栏中选择【表】|【表选项】|【表设置】命令，弹出【表选项】对话框，如图 6-157 所示。其中，【表外框】选项组用于指定所需的表框粗细、类型、颜色、色调和间隙

颜色等。在【表格线绘制顺序】选项组的【绘制】下拉列表中，有以下几项参数。

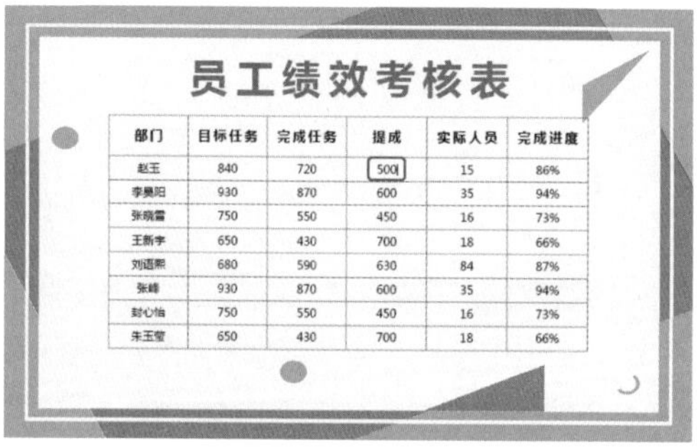

图6-156 插入光标

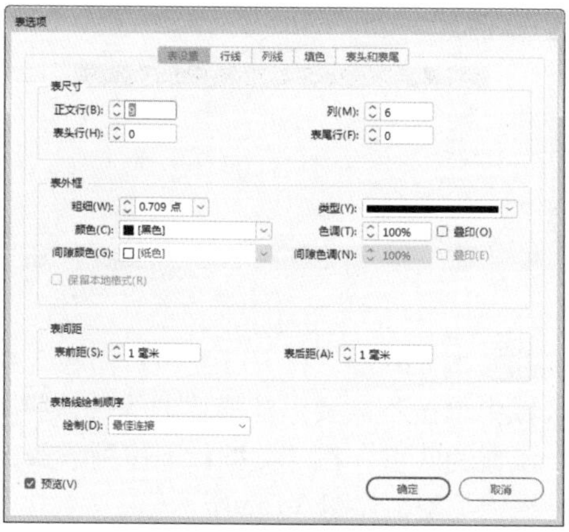

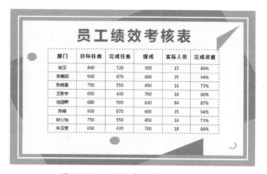

图6-157 【表选项】对话框

- 【最佳连接】：在不同颜色的描边交叉处行线将显示在上面。当描边(如双线)交叉时，描边会连接在一起，并且交叉点也会连接在一起。
- 【行线在上】：行线会显示在上面。
- 【列线在上】：列线会显示在上面。
- 【InDesign 2.0 兼容性】：行线会显示在上面。当多条描边(如双线)交叉时，它们不会连接在一起，而仅在多条描边呈 T 形交叉时，多个交叉点才会连接在一起。

05 在弹出的对话框中将【粗细】设置为 2 点，在【颜色】下拉列表中选择一种颜色，将【类型】设置为虚线，如图 6-158 所示。

06 设置完成后，单击【确定】按钮，效果如图 6-159 所示。

图6-158 设置表边框参数

图6-159 设置表边框后的效果

2. 设置单元格的描边

在 InDesign CC 2018 中可以使用【单元格选项】对话框、【描边】面板为单元格设置描边，本节将对其进行简单介绍。

① 使用【单元格选项】对话框设置描边。

下面将介绍使用【单元格选项】对话框为单元格设置描边的具体操作步骤。

01 使用【文字工具】 T 选择需要添加描边的单元格，如图 6-160 所示。

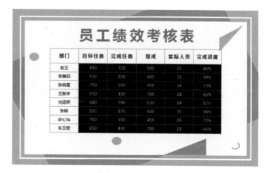

图6-160 选择需要添加描边的单元格

02 在菜单栏中选择【表】|【单元格选项】|【描边和填色】命令，弹出【单元格选项】对话框，如图 6-161 所示。在【单元格描边】选项组的预览区域中，单击蓝色线条后，线条呈灰色状态，此时将不能对灰色线条进行描边。在其他选项中可以指定所需线条的粗细、类型、颜色和色调等。在【单元格填色】选项组中可以指定所需要的颜色和色调。

图6-161　【单元格选项】对话框

03 在【单元格描边】选项组中将【粗细】设置为 1.5 点，将【颜色】设置为 C=67、M=9、Y=46、K=0，然后在【类型】下拉列表中选择【点线】，如图 6-162 所示。

图6-162　设置参数

04 设置完成后单击【确定】按钮，效果如图 6-163 所示。

② 使用【描边】面板设置描边。

01 使用【文字工具】 T 选择需要描边的单元格，如图 6-164 所示。

图6-163　设置描边后的效果

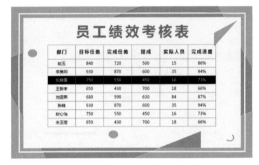

图6-164　选择单元格

02 按 F10 键，打开【描边】面板，在预览区域中单击不需要添加描边的线条，将【粗细】设置为 3 点，在【类型】下拉列表中选择一种描边类型，如图 6-165 所示。

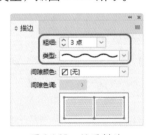

图6-165　设置描边

03 设置完成后按 Enter 键确认，效果如图 6-166 所示。

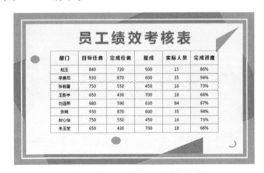

图6-166　设置描边后的效果

6.2.12 为单元格填色

在 InDesign CC 2018 中，不仅可以为单元格进行描边，还可以根据需要为单元格进行填色，本节将对其进行简单介绍。

1. 为单元格填充纯色

下面将介绍为单元格填充纯色的具体操作步骤。

01 使用【文字工具】T选择需要填色的单元格，如图 6-167 所示。

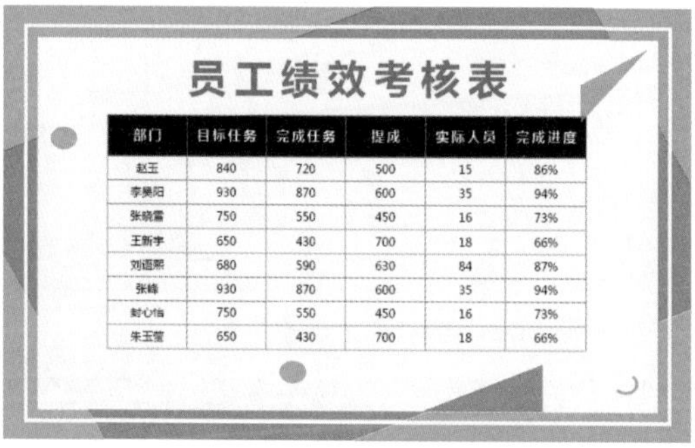

部门	目标任务	完成任务	提成	实际人员	完成进度
赵玉	840	720	500	15	86%
李昊阳	930	870	600	35	94%
张晓雷	750	550	450	16	73%
王新宇	650	430	700	18	66%
刘语熙	680	590	630	84	87%
张峰	930	870	600	35	94%
封心怡	750	550	450	16	73%
朱玉莹	650	430	700	18	66%

图6-167　选择单元格

02 在菜单栏中选择【窗口】|【颜色】|【色板】命令，打开【色板】面板，在该面板中选择 C=67、M=9、Y=46、K=0 颜色，如图 6-168 所示。

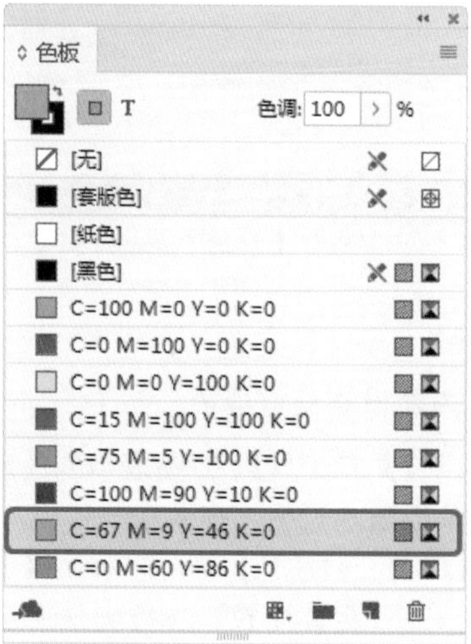

图6-168　选择颜色

03 即可为选择的单元格填充颜色。将选中单元格中的文字填色设置为白色，效果如图 6-169 所示。

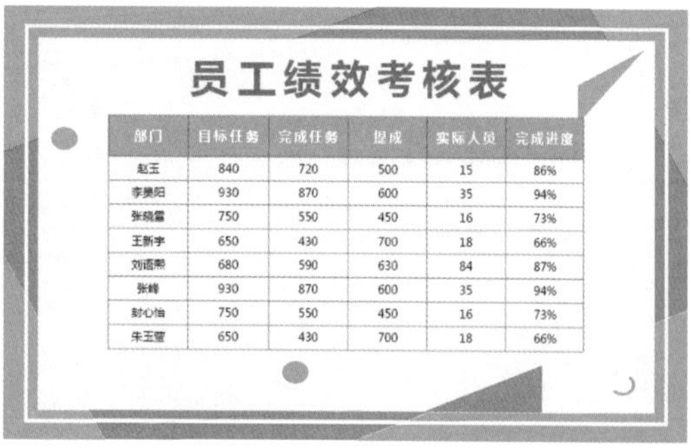

部门	目标任务	完成任务	提成	实际人员	完成进度
赵玉	840	720	500	15	86%
李昊阳	930	870	600	35	94%
张晓雷	750	550	450	16	73%
王新宇	650	430	700	18	66%
刘语熙	680	590	630	84	87%
张峰	930	870	600	35	94%
封心怡	750	550	450	16	73%
朱玉莹	650	430	700	18	66%

图6-169　为单元格填充颜色后的效果

2. 为单元格填充渐变

下面将介绍为单元格填充渐变颜色的具体操作步骤。

01 使用【文字工具】T选择需要填色的单元格，如图 6-170 所示。

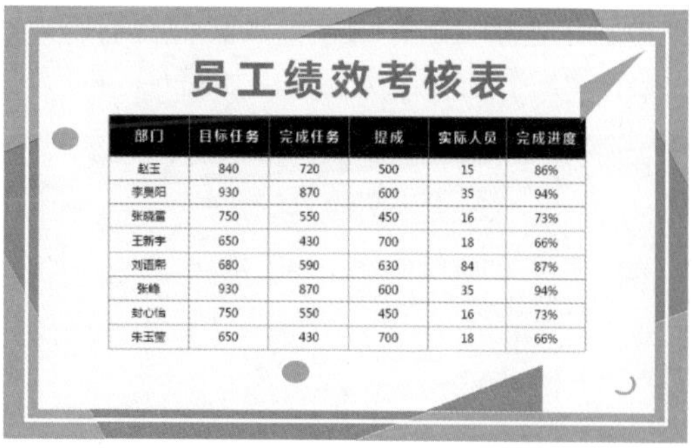

部门	目标任务	完成任务	提成	实际人员	完成进度
赵玉	840	720	500	15	86%
李昊阳	930	870	600	35	94%
张晓雷	750	550	450	16	73%
王新宇	650	430	700	18	66%
刘语熙	680	590	630	84	87%
张峰	930	870	600	35	94%
封心怡	750	550	450	16	73%
朱玉莹	650	430	700	18	66%

图6-170　选择要填充渐变色的单元格

02 在菜单栏中选择【窗口】|【颜色】|【渐变】命令，打开【渐变】面板，在该面板中设置一种渐变颜色，如图 6-171 所示。

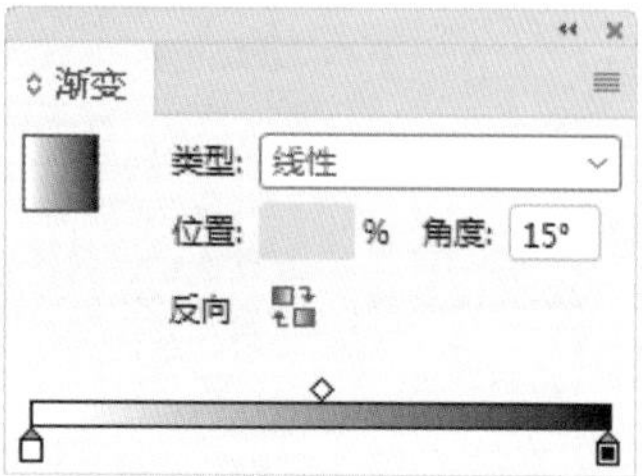

图6-171　设置渐变颜色

03 执行该操作后，即可为选择的单元格填充渐变，效果如图 6-172 所示。

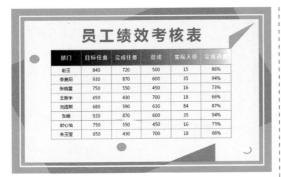

图6-172　为单元格填充渐变颜色后的效果

6.2.13　设置交替描边与填色

1. 为表设置交替描边

01 使用【文字工具】，在表中的任意一个单元格中单击插入光标，如图6-173所示。在菜单栏中选择【表】|【表选项】|【交替行线】命令，弹出【表选项】对话框，如图6-174所示。

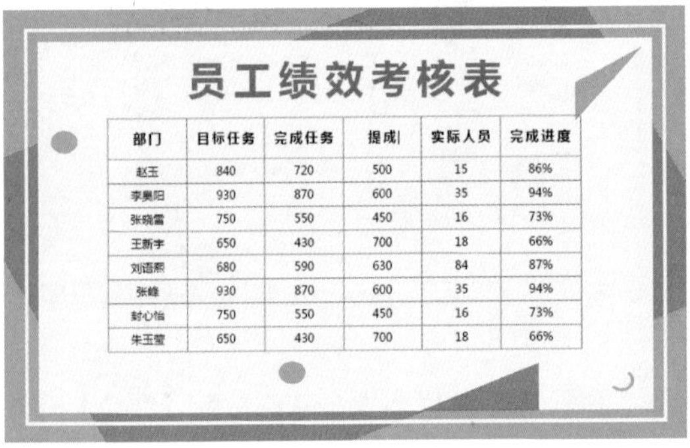

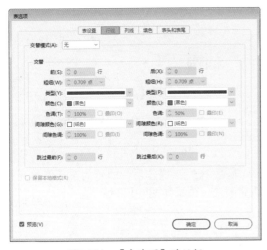

图6-173　插入光标

图6-174　【表选项】对话框

02 在【交替模式】下拉列表中选择【自定行】选项，然后对其他参数进行设置，如图6-175所示。设置完成后单击【确定】按钮，效果如图6-176所示。

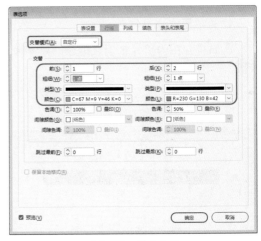

图6-175　设置参数

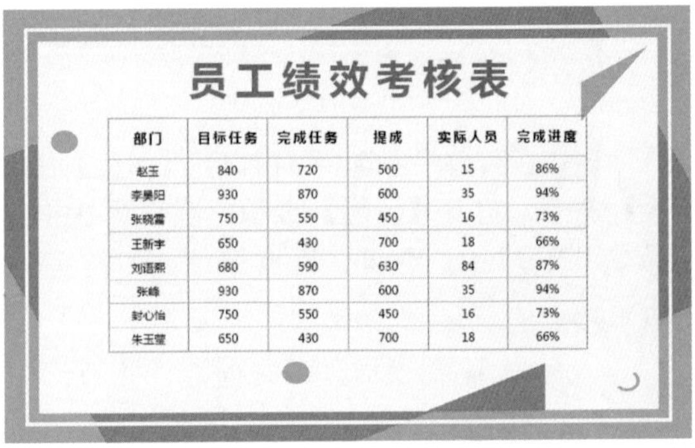

图6-176　设置交替描边后的效果

> **提　示**
>
> 在菜单栏中选择【表】|【表选项】|【交替列线】命令，在弹出的【表选项】对话框中可以为列线进行设置。

2. 为表设置交替填色

使用【文字工具】，在表中的任意一个单元格中单击插入光标，在菜单栏中选择【表】|【表选项】|【交替填色】命令，弹出【表选项】对话框，在【交替模式】下拉列表中选择【每隔一行】选项，然后对其他参数进行设置，如图6-177所示。设置完成后单击【确定】按钮，效果如图6-178所示。

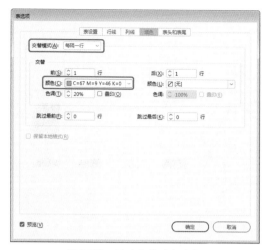

图6-177　设置交替填色参数

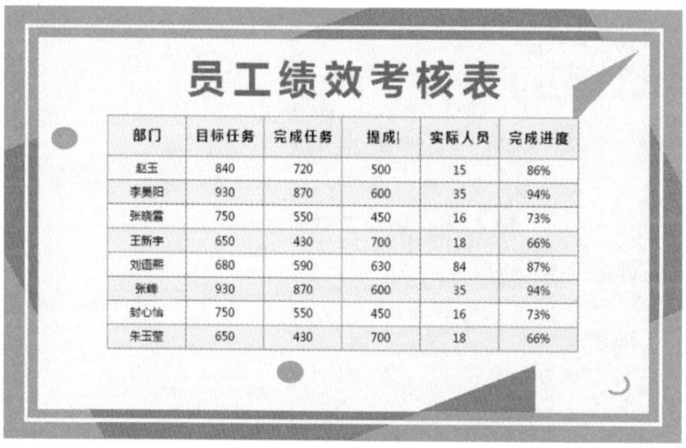

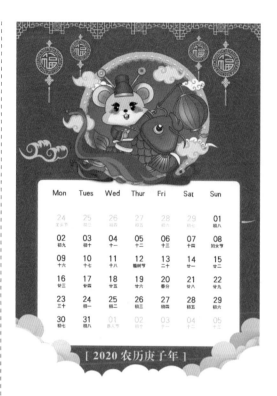

部门	目标任务	完成任务	提成	实际人员	完成进度
赵玉	840	720	500	15	86%
李昊阳	930	870	600	35	94%
张晓雷	750	550	450	16	73%
王新宇	650	430	700	18	66%
刘语熙	680	590	630	84	87%
张峰	930	870	600	35	94%
封心怡	750	550	450	16	73%
朱玉莹	650	430	700	18	66%

图6-178　设置交替填色后的效果

提　示

如果想取消表中的交替填色，可以使用【文字工具】T 在表中的任意一个单元格中单击插入光标，在菜单栏中选择【表】|【表选项】|【交替填色】命令，弹出【表选项】对话框，在【交替模式】下拉列表中选择【无】选项，然后单击【确定】按钮。使用同样的方法，可以取消交替行线和列线。

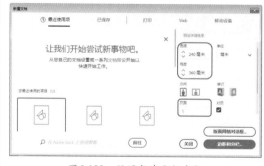

6.3　上机练习——制作挂历

挂历由皇历、日历、年画逐步演变而来，是历书与年画相结合的艺术品。本节将介绍如何制作挂历，效果如图 6-179 所示。

素材	素材\Cha06\挂历素材01.png~挂历素材05.png
场景	场景\Cha06\上机练习——制作挂历.indd
视频	视频教学\Cha06\6.3　上机练习——制作挂历.mp4

图6-179　挂历

01 启动 InDesign CC 2018 软件，按 Ctrl+N 组合键，在弹出的对话框中将【宽度】、【高度】分别设置为 240 毫米、360 毫米，将【页面】设置为 1，如图 6-180 所示。

图6-180　设置新建文档参数

02 设置完成后，单击【边距和分栏】按钮，在弹出的对话框中将【上】、【下】、【内】、【外】均设置为 0 毫米，如图 6-181 所示。

03 设置完成后，单击【确定】按钮，在工具箱中单击【矩形工具】按钮，在文档窗口中绘制一个矩形。选中绘制的矩形，在【颜色】面板中将【描边】设置为无，单击【填色】

按钮，在【渐变】面板中将【类型】设置为
【线性】，将左侧色标的 CMYK 值设置为 35、
100、100、2，将右侧色标的 CMYK 值设置为
37、100、100、3，将【角度】设置为45°，在
【变换】面板中将 W、H 分别设置为 240 毫米、
360 毫米，如图 6-182 所示。

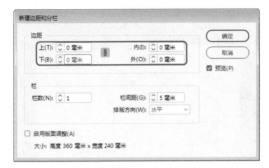

图6-181　设置边距参数

图6-183　选择素材文件

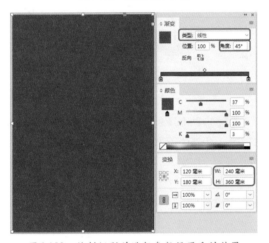

图6-182　绘制矩形并进行参数设置后的效果

04 按 Ctrl+D 组合键，在弹出的对话框中
选择"素材\Cha06\挂历素材 01.png"素材文
件，如图 6-183 所示。

05 单击【打开】按钮，在文档窗口中拖
动鼠标，将选中的素材文件置入文档，在【效
果】面板中将【混合模式】设置为【滤色】，将
【不透明度】设置为 25%，如图 6-184 所示。

06 根据前面所介绍的方法将"挂历素材
02.png""挂历素材 03.png""挂历素材 04.png"
素材文件置入文档，效果如图 6-185 所示。

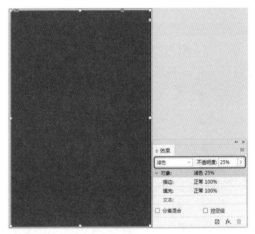

图6-184　设置混合模式与不透明度

图6-185　置入素材文件

07 在工具箱中单击【矩形工具】按钮，
在文档窗口中绘制一个矩形。选中绘制的矩
形，在【颜色】面板中将【填色】的 CMYK
值设置为 25、95、100、0，将【描边】设置为

无，在【变换】面板中将 W、H 分别设置为 202 毫米、161 毫米，将 X、Y 分别设置为 121 毫米、229 毫米，如图 6-186 所示。

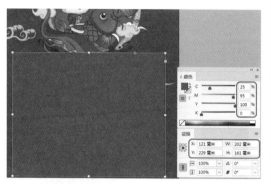

图6-186 绘制矩形并进行设置

08 继续选中绘制的矩形，在菜单栏中选择【对象】|【转换形状】|【圆角矩形】命令，如图 6-187 所示。

图6-187 选择【圆角矩形】命令

09 将转换后的圆角矩形进行复制，并选中复制后的圆角矩形，在【颜色】面板中将【填色】的 CMYK 值设置为 0、0、0、0，在【变换】面板中将 W、H 分别设置为 198 毫米、157 毫米，将 X、Y 分别设置为 121 毫米、229 毫米，如图 6-188 所示。

10 在工具箱中单击【文字工具】按钮，在文档窗口中绘制一个文本框，在【字符】面板中将【字体】设置为【汉仪中黑简】，将【字体大小】设置为 22.5 点，在【颜色】面板中将

【填色】的 CMYK 值设置为 63、100、100、61，在【变换】面板中将 W、H 分别设置为 168 毫米、10 毫米，如图 6-189 所示。

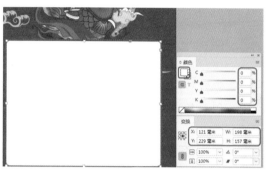

图6-188 复制圆角矩形并进行设置

图6-189 输入文字并设置后的效果

11 使用【选择工具】选中绘制的文本框，在菜单栏中选择【文字】|【制表符】命令，单击【将面板放在文本框架上】按钮，分别在 25.6、51.2、76.8、102.4、128、153.6 位置处添加左对齐制表符，将文字与制表符对齐，效果如图 6-190 所示。

图6-190 添加制表符并将文字对齐

12 使用同样的方法在文档窗口中输入文字，并对其进行相应的设置，效果如图6-191所示。

图6-191　输入文字

13 选中新输入的文字，在菜单栏中选择【表】|【将文本转换为表】命令，在文档窗口中调整表格的大小，并将表格行与列均匀分布，如图6-192所示。

图6-192　将文本转换为表并设置后的效果

14 选中所有表格，在控制栏中单击【居中对齐】按钮，并单击鼠标右键，在弹出的快捷菜单中选择【单元格选项】|【文本】命令，如图6-193所示。

15 在弹出的对话框中将【垂直对齐】选项组中的【对齐】设置为【居中对齐】，如图6-194所示。

16 设置完成后，单击【确定】按钮，在【色板】面板中单击三按钮，在弹出的下拉菜单中选择【新建颜色色板】命令，在弹出的对

话框中将【颜色模式】设置为 CMYK，将【青色】、【洋红色】、【黄色】、【黑色】分别设置为 0、43、91、0，如图6-195所示。

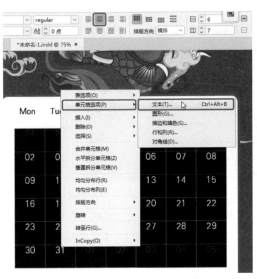

图6-193　选择【文本】命令

图6-194　设置对齐方式

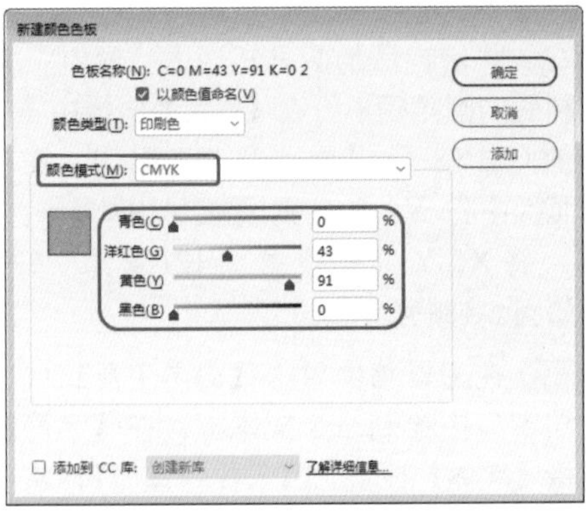

图6-195　设置颜色参数

17 设置完成后，单击【确定】按钮，在文档窗口中继续选中表格，单击鼠标右键，在弹出的快捷菜单中选择【表设置】|【表选项】命令，如图 6-196 所示。

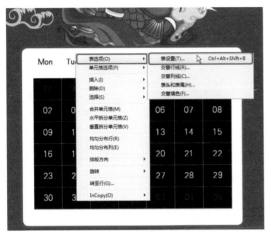

图6-196　选择【表设置】命令

18 在弹出的对话框中将【表外框】选项组中的【粗细】设置为 0 点，如图 6-197 所示。

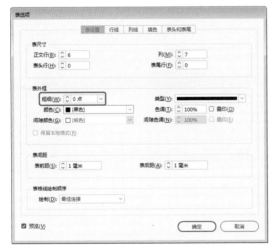

图6-197　设置表外框粗细

19 在【表选项】对话框中选择【行线】选项卡，将【交替模式】设置为【自定行】，将【粗细】设置为 0.5 点，将【颜色】设置为 C=0、M=43、Y=91、K=0，如图 6-198 所示。

20 在该对话框中选择【列线】选项卡，将【交替模式】设置为【自定列】，将【粗细】设置为 0 点，如图 6-199 所示。

图6-198　设置行线参数

图6-199　设置列线参数

21 设置完成后，单击【确定】按钮，根据相同的方法制作其他文字效果，效果如图 6-200 所示。

图6-200　制作其他文字后的效果

22 根据前面所介绍的方法将其他素材文件置入文档，并添加其他文字。在文档窗口中选择"挂历素材03.png"素材文件，按Ctrl+Shift+] 组合键将选中素材文件置于顶层，如图6-201所示。

图6-201 添加其他素材文件与文字后的效果

1.【制表符】面板中有几种对齐方式？分别是什么？

2. 如何拆分单元格？

第 7 章 杂志内文版式设计——图文混排

　　杂志是形成于罢工、罢课或战争中的宣传小册子，这种类似于报纸并注重时效的手册，兼顾了更加详尽的评论。下面讲解杂志内页的制作。

基础知识
- 文本绕排
- 使用剪切路径

重点知识
- 制作中国节日杂志内页
- 制作旅游杂志内文、房产杂志内文
- 将文本字符作为图形框架

提高知识
- 将复合形状作为图形框架
- 使用【剪刀工具】

　　杂志内文版式设计是视觉传达的表现形式之一，通过版面的构成，在第一时间内吸引人们的目光，并获得瞬间的刺激，这要求设计者将图片、文字、色彩、空间等要素进行完整的结合，以恰当的形式向人们展示出传达的信息。

→7.1 制作中国节日杂志内页——沿对象形状绕排

中国节日，指中国民间的纪念日、欢庆日和被中国承认的国际通用节日等。下面讲解中国节日杂志内页的制作，效果如图7-1所示。

图7-1 中国节日杂志内页效果

素材	素材\Cha07\背景01.jpg、元宵节.jpg、清明节.jpg、端午节.jpg、中秋节.jpg
场景	场景\Cha07\制作中国节日杂志内页——沿对象形状绕排.indd
视频	视频教学\Cha07\7.1 制作中国节日杂志内页——沿对象形状绕排.mp4

01 启动 InDesign CC 2018 软件，在菜单栏中选择【文件】|【新建】|【文档】命令，弹出【新建文档】对话框，在该对话框中将【页面】设置为2，勾选【对页】复选框，将【宽度】和【高度】设置为210毫米、285毫米，如图7-2所示。

图7-2 【新建文档】对话框

02 单击【边距和分栏】按钮，弹出【新建边距和分栏】对话框，在该对话框中将

【上】、【下】、【内】、【外】边距均设置为10毫米，如图7-3所示。

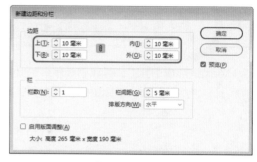

图7-3 设置边距

03 单击【确定】按钮，按F12键打开【页面】面板，然后单击面板右上角的≡按钮，在弹出的下拉菜单中取消【允许文档页面随机排布】选项与【允许选定的跨页随机排布】选项的选择状态，如图7-4所示。

图7-4 取消选项选择状态

04 在【页面】面板中选择第二页，并将其拖动至第一页的右侧，如图7-5所示。

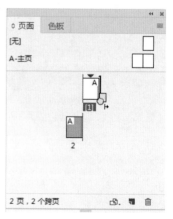

图7-5 拖动页面

05 释放鼠标左键，即可将页面排列成如图 7-6 所示的样式。

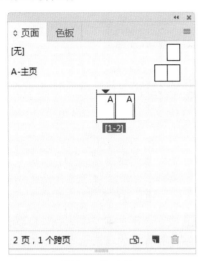

图7-6 排列页面

06 在菜单栏中选择【文件】|【置入】命令，弹出【置入】对话框，选择"素材\Cha07\背景 01.jpg"素材文件，单击【打开】按钮，如图 7-7 所示。

图7-7 选择素材文件

> 💎 **提 示**
>
> 按 Ctrl+D 组合键，可快速打开【置入】对话框。

07 拖动鼠标，将图片置入如图 7-8 所示的位置处。

08 在工具箱中选择【文字工具】 T ，在文档窗口中绘制文本框并输入文字。选择输入的文字，在【字符】面板中将【字体】设置为

【方正综艺简体】，将【字体大小】设置为 65 点，将文字颜色的 RGB 值设置为 255、241、0，如图 7-9 所示。

图7-8 置入图片后的效果

图7-9 输入并设置文字

09 使用同样的方法，输入其他文字，并设置文字的字体和大小，如图 7-10 所示。

图7-10 输入其他文字

10 在工具箱中选择【钢笔工具】 ✐ ，在文档窗口中绘制图形。选择绘制的图形，在【控制】面板中将【描边】设置为无，如图 7-11 所示。

11 在工具箱中选择【文字工具】 T ，在绘制的图形中输入文字。选择输入的文字，在【控制】面板中将【字体大小】设置为 15 点，如图 7-12 所示。

图7-11　绘制图形

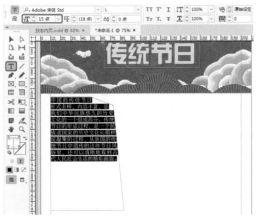

图7-12　输入文字并设置大小

12 选择文字"中"，在控制栏中将【字体大小】设置为18点，如图7-13所示。

图7-13　设置文字"中"的大小

13 将光标置入段落中的任意位置，然后在【段落】面板中将【首字下沉行数】设置为

2，效果如图7-14所示。

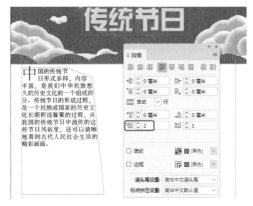

图7-14　设置首字下沉

14 再次选择文字"中"，在【字符】面板中将【字体】设置为【方正大黑简体】，将【填色】的RGB值设置为231、18、27，效果如图7-15所示。

图7-15　设置文字效果

15 打开【段落】面板，将【强制行数】设置为2行，效果如图7-16所示。

图7-16　设置强制行数

16 在工具箱中选择【钢笔工具】，在文档窗口中绘制图形。选择绘制的图形，在控制栏中将【描边】设置为红色，将【描边样式】设置为虚线，将【描边粗细】设置为 3 点，如图 7-17 所示。

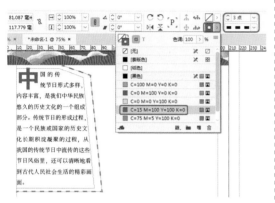

图7-17 绘制并设置图形

疑难解答 怎样快速设置图形的描边颜色？

在控制栏中，单击【描边】右侧的三角按钮，在弹出的下拉列表中选择需要的颜色，可快速设置图形的描边颜色。

17 在工具箱中选择【矩形工具】，在文档窗口中绘制矩形，并在控制栏中将【填色】设置为红色，将【描边】设置为无，如图 7-18 所示。

图7-18 绘制并设置矩形

18 在工具箱中选择【文字工具】T，在文档窗口中绘制文本框并输入文字。然后选择输入的文字，在控制栏中将【字体】设置为【方

正大黑简体】，将【字体大小】设置为 26 点，如图 7-19 所示。

图7-19 输入并设置文字

19 将文字的【填色】设置为白色，效果如图 7-20 所示。

图7-20 设置文字填充颜色

20 在工具箱中选择【钢笔工具】，然后在文档窗口中绘制图形。选择绘制的图形，在控制栏中将【描边】设置为无，如图 7-21 所示。

21 在绘制的图形中输入文字，并使用前面介绍的方法对文字进行设置，效果如图 7-22 所示。

22 在工具箱中选择【钢笔工具】，在文档窗口中绘制图形。选择绘制的图形，在控制栏中将【描边】设置为红色，将【描边样式】设置为虚线，将【描边粗细】设置为 3 点，如

图 7-23 所示。

图7-21 绘制图形并设置描边

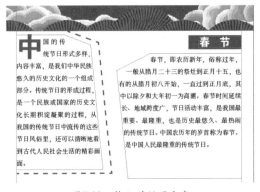

图7-22 输入并设置文字

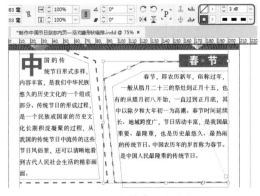

图7-23 绘制并设置图形

23 在文档窗口中按住 Shift 键的同时选择红色矩形和文字"春节"，按 Ctrl+C 组合键进行复制，如图 7-24 所示。

24 按 Ctrl+V 组合键进行粘贴，调整复制后的对象的位置，然后使用【文字工具】T 将"春节"更改为"元宵节"，如图 7-25 所示。

图7-24 复制选择对象

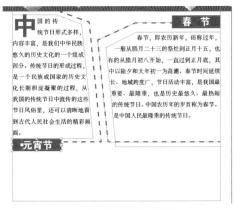

图7-25 复制对象并更改文字

25 使用【钢笔工具】✒ 绘制图形，将图形的【描边】设置为无，并在图形中输入文字。然后对输入的文字进行设置，效果如图 7-26 所示。

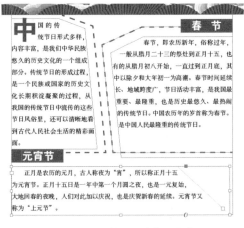

图7-26 绘制图形并输入文字

26 在工具箱中选择【钢笔工具】✒，在文档窗口中绘制图形。选择绘制的图形，在控制栏中将【描边】设置为红色，将【描边样式】设置为虚线，将【描边粗细】设置为 3 点，如图 7-27 所示。

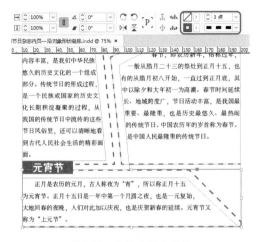

图7-27　绘制并设置图形

27 在工具箱中选择【椭圆工具】 ◯ ，在文档窗口中按住 Shift 键绘制正圆，然后在控制栏中将【描边】设置为红色，将【描边样式】设置为虚线，将【描边粗细】设置为 3 点，如图 7-28 所示。

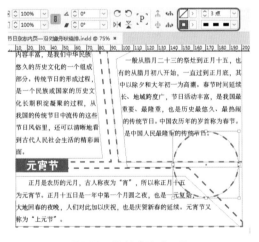

图7-28　绘制并设置正圆

28 确定新绘制的正圆处于选择状态，在菜单栏中选择【文件】|【置入】命令，在弹出的对话框中选择"素材\Cha07\元宵节.jpg"素材文件，如图 7-29 所示。

29 单击【打开】按钮，即可将选择的图片置入正圆中。双击图片将其选中，在按住 Shift 键的同时拖动图片调整其大小，并调整其位置，如图 7-30 所示。

30 选择绘制的正圆形，在菜单栏中选择【窗口】|【文本绕排】命令，如图 7-31 所示。

图7-29　选择素材文件

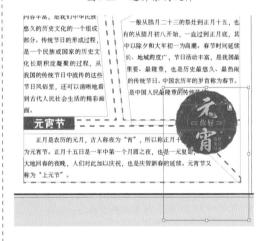

图7-30　调整图片大小

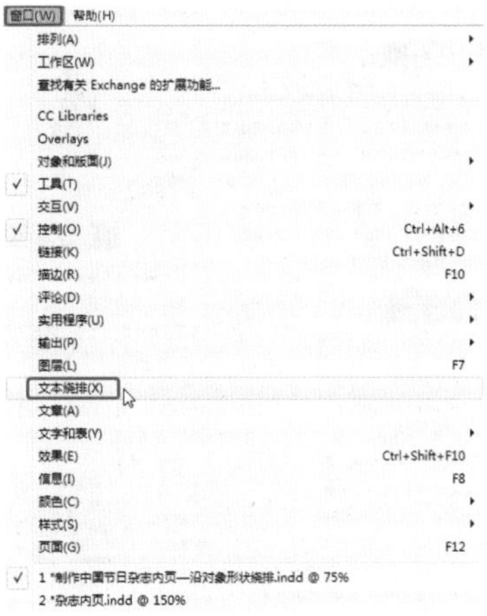

图7-31　选择【文本绕排】命令

31 打开【文本绕排】面板，在该面板中单击【沿对象形状绕排】按钮 ▤ ，并将【上位移】设置为 4 毫米，如图 7-32 所示。

图7-32 【文本绕排】面板

32 为正圆形设置文本绕排后的效果如图 7-33 所示。

图7-33 文本绕排效果

33 使用上面介绍的方法，制作右侧页面，效果如图 7-34 所示。

图7-34 制作右侧页面

34 打开【链接】面板，选择如图 7-35 所示的对象，单击鼠标右键，在弹出的快捷菜单中选择【嵌入链接】命令。

图7-35 选择"嵌入链接"命令

35 至此，中国节日杂志内页制作完成，按键盘上的 W 键查看制作完成后的效果，如图 7-36 所示。

图7-36 最终效果

7.1.1 文本绕排

在【文本绕排】面板中提供了多种文本绕排的形式，如沿定界框绕排、沿对象形状绕排、上下型绕排和下型绕排等。应用好文本绕排效果可以使设计的杂志或报纸更加生动美观。

在菜单栏中选择【窗口】|【文本绕排】命令，如图 7-37 所示，即可打开【文本绕排】面板，如图 7-38 所示。

1. 文本绕排方式

在 InDesign CC 2018 中，文本围绕障碍对象的排列是由障碍对象所用的文本绕排设置决定的。下面将对文本绕排方式进行详细的介绍。

01 在菜单栏中选择【文件】|【打开】命令，打开"素材 \Cha07\001.indd"素材文件，然后使用【选择工具】 ▶ 选择需要应用文本绕

排的图形对象，如图 7-39 所示。

02 在菜单栏中选择【窗口】|【文本绕排】命令，打开【文本绕排】面板，然后在该面板中单击【沿定界框绕排】按钮 ，如图 7-40 所示。

图7-37　选择【文本绕排】命令

图7-38　【文本绕排】面板

图7-39　选择图形对象

图7-40　单击【沿定界框绕排】按钮

03 单击该按钮后的文档效果如图 7-41 所示。

图7-41　文档效果

04 在【文本绕排】面板中单击【沿对象形状绕排】按钮 ，文档效果如图 7-42 所示。

图7-42　沿对象形状绕排

05 在【文本绕排】面板中单击【上下型绕排】按钮，文档效果如图 7-43 所示。

图7-43　上下型绕排

06 在【文本绕排】面板中单击【下型绕排】按钮，文档效果如图 7-44 所示。

图7-44　下型绕排

07 如果要使用图形分布文本，可在【文本绕排】面板中勾选【反转】复选框，绕排效果如图 7-45 所示。

08 如果需要设置图形与文本的间距，可以通过在【上位移】、【下位移】、【左位移】和【右位移】文本框中输入数值来调整，如图 7-46 所示为设置各个位移数值为 10 毫米时的效果。

09 在【绕排选项】下的【绕排至】下拉列表中，可以指定绕排是应用于书脊的特定一侧、朝向书脊还是背向书脊。其中包括【右

侧）、【左侧】、【左侧和右侧】、【朝向书脊侧】、【背向书脊侧】和【最大区域】选项，如图 7-47 所示。

图7-45　使用图形分布文本

图7-46　设置位移为10毫米时的效果

图7-47　【绕排至】下拉列表

10 在该下拉列表中选择【右侧】选项后的效果如图 7-48 所示。

图7-48　选择【右侧】选项后的效果

11 在该下拉列表中选择【朝向书脊侧】选项后的效果如图 7-49 所示。

图7-49　朝向书脊侧

12 在该下拉列表中选择【背向书脊侧】选项后的效果如图 7-50 所示。

图7-50　背向书脊侧

2. 沿对象形状绕排

当选择绕排方式为【沿对象形状绕排】时，【文本绕排】面板中的【轮廓选项】会被激活，在该面板中可以对绕排轮廓进行设置。

01 打开"素材\Cha07\001.indd"素材文件，并设置绕排方式为【沿对象形状绕排】，如图 7-51 所示。

图7-51　沿对象形状绕排

02 在【类型】下拉列表中可以对图形的绕排轮廓进行设置，其中包括【定界框】、【检测边缘】、【Alpha 通道】、【Photoshop 路径】、【图形框架】、【与剪切路径相同】和【用户修改的路径】选项，如图 7-52 所示。

图7-52　【类型】下拉列表

各选项功能介绍如下。

● 【定界框】选项：可以将文本绕排至由

图像的高度和宽度构成的矩形。

- 【检测边缘】选项：可以使用自动边缘检测生成边界。

- 【Alpha 通道】选项：可以使用随图像存储的 Alpha 通道生成边界，如果此选项不可用，则说明没有随该图像存储任何 Alpha 通道。

- 【图形框架】选项：可以使用框架的边界绕排。

另外，在该下拉列表中选择【Photoshop 路径】选项可以使用随图像存储的路径生成边界；如果【Photoshop 路径】选项不可用，则说明没有随该图像存储任何已命名的路径。选择【与剪切路径相同】选项，可以使用导入图像的剪切路径生成边界。选择【用户修改的路径】选项，可以使用修改的路径生成边界。

7.1.2 使用剪切路径

剪切路径会裁剪掉部分图稿，以便只有图稿的一部分透过创建的形状显示出来。

1. 使用不规则的形状剪切图形

在 InDesign CC 2018 中提供了不规则形状编辑工具，可以通过使用形状编辑工具绘制形状，再利用形状编辑文本绕排边界。

01 打开"素材 \Cha07\002.indd"素材文件，如图 7-53 所示。

图7-53　打开素材文件

02 使用【选择工具】 ▶ 选择五角星，然后在菜单栏中选择【文件】|【置入】命令，如图 7-54 所示。

03 在弹出的对话框中选择"素材 \Cha07\素材 4.jpg"素材图片，然后单击【打开】按钮，

即可将图片置入形状中，适当调整对象的大小及位置，效果如图 7-55 所示。

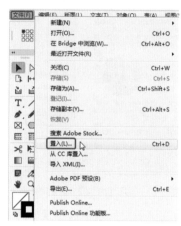

图7-54　选择【置入】命令

图7-55　将图片置入形状中

也可以使用下面的方法剪切图形。

01 打开"素材 \Cha07\003.indd"素材文件，选择三角形，如图 7-56 所示。

图7-56　绘制形状

02 选择人物图片，在菜单栏中选择【编辑】|【复制】命令，然后选择三角形，在菜单栏中选择【编辑】|【贴入内部】命令，如图 7-57 所示。

03 可将图片粘贴到绘制的不规则形状中。将人物背景删除，可看到贴入三角形内部

的图片，效果如图 7-58 所示。

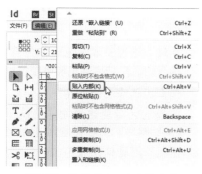

图7-57　选择【贴入内部】命令

图7-58　将图片粘贴到形状中

2. 使用【剪切路径】命令

下面介绍使用【剪切路径】命令来创建剪切路径的具体的操作步骤。

01 打开"素材 \Cha07\004.indd"素材文件，选择如图 7-59 所示的椭圆形。

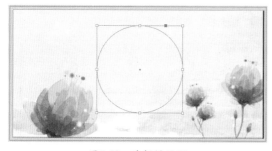

图7-59　选择椭圆形

02 在菜单栏中选择【文件】|【置入】命令，在弹出的对话框中选择"素材 \Cha07\ 素材 4.jpg"素材文件，然后单击【打开】按钮，将图片置入椭圆中，如图 7-60 所示。

03 双击置入的图片将其选中，然后向左调整图片的位置，效果如图 7-61 所示。

04 选择椭圆形，在菜单栏中选择【对象】|

【剪切路径】|【选项】命令，如图 7-62 所示。

图7-60　将图片置入椭圆中

图7-61　调整图片

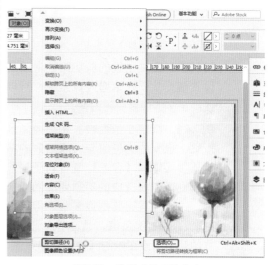

图7-62　选择【选项】命令

05 弹出【剪切路径】对话框，如图 7-63 所示。

06 在【类型】下拉列表中有 5 个选项可供选择，分别是【无】、【检测边缘】、【Alpha 通道】、【Photoshop 路径】和【用户修改的路径】。在该下拉列表中选择【检测边缘】选项，如图 7-64 所示，即可将下面相应的选项激活。【剪切路径】对话框中各选项的功能介绍如下。

图7-63　【剪切路径】对话框

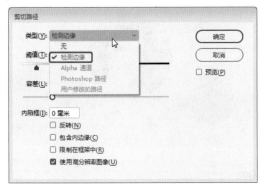

图7-64　选择【检测边缘】选项

- 【阈值】：定义生成的剪切路径最暗的像素值。从 0 开始增大像素值，可以使得更多的像素变得透明。
- 【容差】：指定在像素被剪切路径隐藏以前，像素的亮度值与【阈值】的接近程度。增加【容差】值有利于删除由孤立像素所造成的不需要的凹凸部分，这些像素比其他像素暗，但接近【阈值】中的亮度值。通过增大包括孤立的较暗像素在内的【容差】值范围，通常会创建一个更平滑、更松散的剪切路径。降低【容差】值会通过使值具有更小的变化来收紧剪切路径。
- 【内陷框】：相对于由【阈值】和【容差】值定义的剪切路径收缩生成的剪切路径。与【阈值】和【容差】不同，【内陷框】值不考虑亮度值，而是均匀地收缩剪切路径的形状。稍微调整【内陷框】值可以帮助隐藏使用【阈值】和【容差】值无法消除的孤立像素。

输入负值可使生成的剪切路径比由【阈值】和【容差】值定义的剪切路径大。

- 反转：通过将最暗色调作为剪切路径的开始，来切换可见和隐藏区域。
- 包含内边缘：使存在于原始剪切路径内部的区域变得透明。默认情况下，【剪切路径】命令只使外面的区域变为透明，因此使用【包含内边缘】选项可以正确表现图形中的空洞。当希望其透明区域的亮度级别与必须可见的所有区域均不匹配时，该选项的效果最佳。
- 限制在框架中：创建终止于图形可见边缘的剪切路径。当使用图形的框架裁剪图形时，使用【限制在框架中】选项可以生成更简单的路径。
- 使用高分辨率图像：为了获得最大的精确度，应使用实际文件计算透明区域。取消勾选【使用高分辨率图像】复选框，系统将根据屏幕显示分辨率来计算透明度，这样会使速度更快但精确度较低。

07 在该对话框中将【阈值】设置为 55，将【容差】设置为 10，然后勾选【限制在框架中】复选框，如图 7-65 所示。

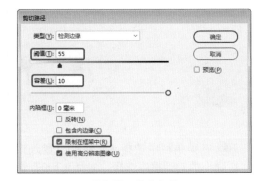

图7-65　设置参数

08 设置完成后单击【确定】按钮，完成对剪切路径的设置，效果如图 7-66 所示。

图7-66　设置剪切路径后的效果

→7.2 制作旅游杂志内文设计——建立复合路径

"旅"是旅行、外出，即为了实现某一目的而在空间上从甲地到乙地的行进过程；"游"是外出游览、观光、娱乐，即为达到这些目的所做的旅行。二者合起来即旅游。所以，旅行偏重于行，旅游不但有"行"，且有观光、娱乐含义，下面讲解旅游杂志内文设计的制作，效果如图 7-67 所示。

图7-67　旅游杂志内文设计

素材	素材\Cha07\旅行背景1.jpg~旅行背景4.jpg
场景	场景\Cha07\制作旅游杂志内文设计——建立复合路径.indd
视频	视频教学\Cha07\7.2　制作旅游杂志内文设计——建立复合路径.mp4

01 启动 InDesign CC 2018 软件，在菜单栏中选择【文件】|【新建】|【文档】命令，弹出【新建文档】对话框，将【页面】设置为 1，取消勾选【对页】复选框，将【宽度】和【高度】设置为 210 毫米、285 毫米，如图 7-68 所示。

02 单击【边距和分栏】按钮，弹出【新

建边距和分栏】对话框，在该对话框中将【上】、【下】、【内】、【外】边距均设置为 10 毫米，如图 7-69 所示。

图7-68　【新建文档】对话框

图7-69　设置边距

03 单击【确定】按钮，按 Ctrl+D 组合键，弹出【置入】对话框，选择"素材\Cha07\旅行背景 1.jpg"素材文件，单击【打开】按钮，如图 7-70 所示。

图7-70　选择素材文件

04 将图片置入如图 7-71 所示的位置处。

图7-71 置入素材文件

05 在工具箱中选择【剪刀工具】 ✂ ，将鼠标指针放到图形边框上，当鼠标指针变成 ╬ 形状后，在图形边框上单击，如图 7-72 所示。

图7-72 在图形边框上单击鼠标

06 再次在图形边框的其他位置上单击，如图 7-73 所示。

图7-73 在图形边框上单击鼠标

07 使用工具箱中的【选择工具】选择文档中的图形，可以看到图形已经被切成两部分。选择右侧的图形，按 Delete 键将其删除，删除后的效果如图 7-74 所示。

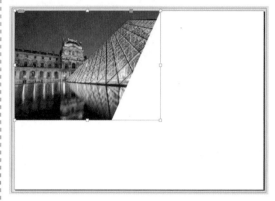

图7-74 删除后的效果

08 使用同样的方法制作如图 7-75 所示的内容。

图7-75 制作完成后的效果

09 在工具箱中单击【钢笔工具】按钮 ✎ ，绘制如图 7-76 所示的图形，在【色板】面板中将【填充颜色】设置为红色，【描边颜色】设置为无。

图7-76 设置图形的填充颜色和描边颜色

10 在工具箱中单击【椭圆工具】按钮 ⬭ ，按住 Shift 键绘制正圆，在【色板】面板中将

【填充颜色】设置为无,【描边颜色】设置为黄色,【描边粗细】设置为 3 点,如图 7-77 所示。

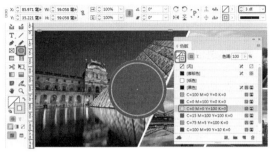

图7-77 设置椭圆参数

11 在工具箱中单击【文字工具】按钮 **T**,在文档窗口中绘制文本框并输入文字。选择输入的文字,将【字体】设置为 Arial,【字体系列】设置为 Black,【字体大小】设置为 30 点,【文本颜色】设置为白色,如图 7-78 所示。

图7-78 设置文本参数

12 在工具箱中单击【钢笔工具】按钮 **✎**,绘制如图 7-79 所示的图形,在【色板】面板中将【填充颜色】设置为粉红色,【描边颜色】设置为无。

图7-79 设置图形的填充颜色和描边颜色

13 在工具箱中单击【文字工具】按钮 **T**,然后在文档窗口中绘制文本框并输入文字。选择输入的文字,将【字体】设置为黑体,【字体大小】设置为 11 点,在【色板】面板中将【文本颜色】设置为纸色,如图 7-80 所示。

图7-80 设置文本参数

14 继续使用【文字工具】,输入如图 7-81 所示的文本,将【字体】设置为 Adobe 宋体 Std,【字体大小】设置为 11 点。

图7-81 设置文本参数

15 在工具箱中单击【矩形工具】按钮,绘制 W、H 均为 7.8 毫米的矩形,在【色板】面板中设置填充和描边颜色,如图 7-82 所示。

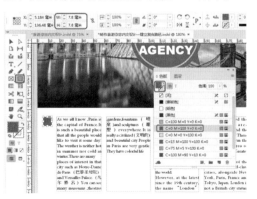

图7-82 设置矩形参数

16 在工具箱中单击【文字工具】按钮 T，然后在文档窗口中绘制文本框并输入文字。选择输入的文字，将【字体】设置为 Adobe 宋体 Std，【字体大小】设置为 22 点，【文本颜色】设置为白色，如图 7-83 所示。

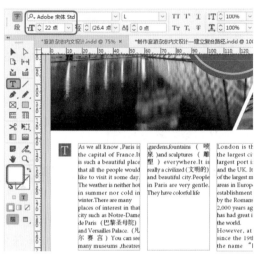

图7-83　设置文本参数

17 选择矩形和文字对象，按 Ctrl+G 组合键将对象进行编组。调整对象的位置，打开【文本绕排】面板，单击【沿对象形状绕排】按钮，如图 7-84 所示。

图7-84　文本绕排

18 打开【链接】面板，选择如图 7-85 所示的对象，单击鼠标右键，在弹出的快捷菜单中选择【嵌入链接】命令。

💬 提　示

在菜单栏中选择【窗口】|【文本绕排】命令，即可打开【文本绕排】面板。

图7-85　嵌入链接

7.2.1 将文本字符作为图形框架

在 InDesign CC 2018 中通过使用【创建轮廓】命令可以将选中的文本转换为可编辑的轮廓线，然后将图形置入字符形状中。对使用【创建轮廓】命令所创建的字符轮廓线还可以进行修改，修改方法与修改其他形状一样。

01 新建一个空白文档，使用工具箱中的【文字工具】 T 在文档中拖出一个矩形文本框架并在文本框架中输入文字，然后在【字符】面板中将【字体】设置为方正超粗黑简体，将【字体大小】设置为 72 点，【文本颜色】设置为红色，如图 7-86 所示。

图7-86　输入并设置文字

02 在菜单栏中选择【文字】|【创建轮廓】命令，如图 7-87 所示。

03 选择该命令后，即可将文本转换为可编辑的轮廓线，如图 7-88 所示。

04 选择该轮廓线，然后在菜单栏中选择【文件】|【置入】命令，在弹出的对话框中选择"素材\Cha07\素材5.jpg"素材文件，如图 7-89 所示。

图7-87 选择【创建轮廓】命令

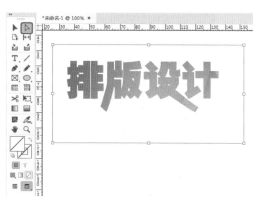

图7-91 调整轮廓线形状

7.2.2 将复合形状作为图形框架

将多个路径组合为单个对象，此对象称为复合路径。下面来介绍将复合形状作为图形框架的方法。

01 新建一个空白文档，在菜单栏中选择【文件】|【置入】命令，在弹出的对话框中选择"素材 \Cha07\ 素材 7.jpg"图片，单击【打开】按钮，将图片置入文档，并调整图片的大小和位置，如图 7-92 所示。

图7-88 将文本转换为轮廓线

图7-89 选择素材图片

05 单击【打开】按钮，即可将图片置入轮廓线中，效果如图 7-90 所示。

图7-92 置入图片

02 在菜单栏中选择【文件】|【置入】命令，在弹出的对话框中选择"素材 \Cha07\ 素材 6.jpg"图片，单击【打开】按钮，将图片置入文档，然后调整其位置，如图 7-93 所示。

03 导入"素材 8.jpg"图片，将图片的大小调整至与计算机屏幕的大小相同，如图 7-94 所示。

图7-90 将图片置入轮廓线中

06 使用【直接选择工具】可以调整导入的图片的位置，也可以调整轮廓线的形状，效果如图 7-91 所示。

04 选择工具箱中的【选择工具】，在按住 Shift 键的同时，单击新置入的图片和计算机图片，如图 7-95 所示。

图7-93　置入图片

图7-94　置入图片并调整大小

图7-95　选择图片

05 在菜单栏中选择【对象】|【路径】|【建立复合路径】命令，如图 7-96 所示。

06 创建复合路径后的图形效果如图 7-97 所示。

图7-96　选择【建立复合路径】命令

图7-97　创建复合路径后的图形效果

7.2.3　使用【剪刀工具】

通过使用工具箱中的【剪刀工具】✂，可以将对象切成两部分。该工具允许在任何锚点处或沿任何路径段拆分路径、图形框架或空白文本框架。

01 打开"素材 \Cha07\005.indd"素材文件，如图 7-98 所示。

02 在工具箱中选择【剪刀工具】✂，将鼠标指针放到图形边框上，当鼠标指针变成╬形状后，在图形边框上单击，效果如图 7-99 所示。

图7-98　打开素材文件

图7-100　在其他边框上单击

图7-99　在边框上单击

图7-101　剪切图片后的效果

03 在图形边框的其他位置上单击，效果如图 7-100 所示。

04 使用工具箱中的【选择工具】选择文档中的图形，可以看到图形已经被切成两部分。移动选择的图形，效果如图 7-101 所示。

提　示

如果使用【剪刀工具】切开的是设置了描边的框架，则产生的新边不包含描边。

7.3　上机练习——制作房产杂志内页设计

房地产是一个综合的较为复杂的概念，从实物现象来看，它是由建筑物与土地共同构成的。土地可以分为未开发的土地和已开发的土地，建筑物依附土地而存在，与土地结合在一起。建筑物是指人工建筑而成的产物，包括房屋和构筑物两大类。下面将讲解如何设计房产杂志内页，效果如图 7-102 所示。

图7-102 房产杂志内页设计

素材	素材\Cha07\背景02.jpg、001.jpg~003.jpg、户型.psd、楼2.psd、杂志素材.indd
场景	场景\Cha07\上机练习——制作房产杂志内页设计.indd
视频	视频教学\Cha07\7.3 上机练习——制作房产杂志内页设计.mp4

01 启动 InDesign CC 2018 软件，按 Ctrl+O 组合键，弹出【打开文件】对话框，选择"素材\Cha07\杂志素材.indd"素材文件，如图 7-103 所示。

图7-103 选择素材文件

02 单击【打开】按钮，素材文件效果如图 7-104 所示。

03 在工具箱中单击【文字工具】按钮 **T**，在文档窗口中绘制一个文本框，并输入文字。将文字选中，在控制栏中将【字体】设置为方正行楷简体，将【字体大小】设置为 60 点，如图 7-105 所示。

图7-104 打开素材文件

图7-105 输入文字并设置

04 继续输入文本，在控制栏中将【字体】设置为黑体，将【字体大小】设置为 31 点，在文档窗口中使用【选择工具】调整其位置，调整后的效果如图 7-106 所示。

05 在工具箱中单击【文字工具】按钮，分别将文字选中，按 F6 键打开【颜色】面板，在该面板中选择填色，单击该面板右上角的 ≡ 按钮，在弹出的下拉菜单中选择 CMYK，将其 CMYK 值设置为 37、100、100、3，如图 7-107 所示。

图7-106 调整文字的位置

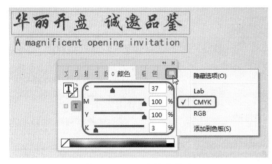

图7-107 设置字体颜色

06 在空白位置上单击鼠标，按 Ctrl+D 组合键打开【置入】对话框，在弹出的对话框中选择"素材 \Cha07\ 楼 2.psd"素材文件，如图 7-108 所示。

图7-108 选择素材文件

07 单击【打开】按钮，在文档窗口中为其指定位置，并调整其大小及位置，如图 7-109 所示。

08 在工具箱中单击【文字工具】按钮，

在文档窗口中绘制一个文本框，并输入文字。将输入的文字选中，在控制栏中将【字体】设置为方正仿宋简体，将【字体大小】设置为 24 点，如图 7-110 所示。

图7-109 调整素材文件的大小及位置

图7-110 设置字体及字体大小

09 在该文本框中选择文本【精巧户型】，在控制栏中将其【字体】设置为黑体，将【字体大小】设置为 36 点，如图 7-111 所示。

图7-111 设置字体及字体大小

10 按 F6 键打开【颜色】面板，在该面板中选择【填色】，单击该面板右上角的 ≡ 按钮，在弹出的下拉菜单中选择 CMYK，将其 CMYK 值设置为 0、100、100、50，如图 7-112 所示。

图7-112 设置填色

11 使用同样的方法输入其他文字，并对其进行相应的设置，效果如图 7-113 所示。

图7-113 输入其他文字

12 按 Ctrl+D 组合键打开【置入】对话框，在弹出的对话框中选择"素材\Cha07\003.jpg"素材文件，如图 7-114 所示。

13 单击【打开】按钮，在文档窗口中为其指定位置，并调整其大小及位置，调整后的效果如图 7-115 所示。

图7-114 【置入】对话框

图7-115 导入的素材文件

14 确认该图片处于选中状态，按 Shift+Ctrl+F10 组合键打开【效果】面板，在该面板中单击【向选定的目标添加对象效果】按钮，在弹出的下拉菜单中选择【渐变羽化】命令，如图 7-116 所示。

图7-116 选择【渐变羽化】命令

15 在弹出的对话框中将选择左侧的色标，将其【位置】设置为50%，将【类型】设置为【径向】，如图7-117所示。

图7-117 设置渐变羽化

16 设置完成后，单击【确定】按钮，设置渐变羽化后的效果如图7-118所示。

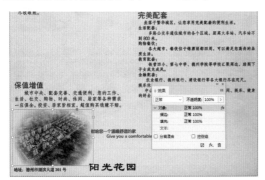

图7-118 设置渐变羽化后的效果

17 按Ctrl+D组合键，弹出【置入】对话框，选择"素材\Cha07\户型.psd"素材文件，单击【打开】按钮，将素材文件置入如图7-119所示的位置处。

图7-119 置入素材文件

18 选择置入的户型图，打开【文本绕排】面板，单击【沿对象形状绕排】按钮，如图7-120所示。

图7-120 文本绕排

19 使用相同的方法将其他素材导入文档窗口，并对其进行相应的设置，效果如图7-121所示。

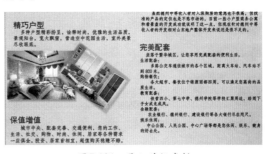

图7-121 导入其他素材

20 在工具箱中单击【钢笔工具】按钮，在文档窗口中绘制如图7-122所示的图形。

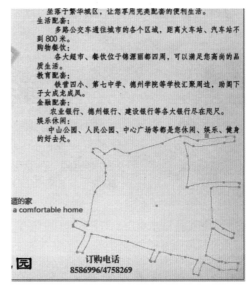

图7-122 绘制图形

21 在文档窗口中使用【钢笔工具】绘制其他图形，如图7-123所示。

图7-123　绘制其他图形后的效果

22 在文档窗口中按住 Shift 键选择所绘制的图形，在菜单栏中选择【对象】|【路径】|【建立复合路径】命令，如图 7-124 所示。

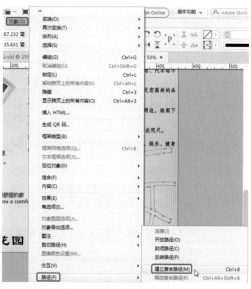

图7-124　选择【建立复合路径】命令

23 按 F6 键打开【颜色】面板，在该面板中将【填色】的 CMYK 值设置为 30、100、100、30，将【描边】设置为无，如图 7-125 所示。

24 在工具箱中单击【文字工具】按钮 T，在文档窗口中绘制一个文本框，并输入文字。将输入的文字选中，在控制栏中将【字体大小】设置为 15 点，将【填色】设置为【纸色】，并旋转其角度，如图 7-126 所示。

25 使用相同的方法输入其他文字，并进行相应的设置，效果如图 7-127 所示。

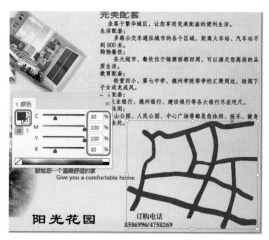

图7-125　设置填色及描边

图7-126　输入文字并旋转

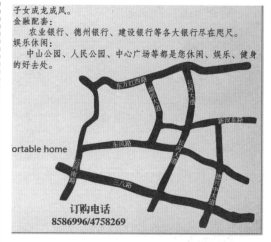

图7-127　输入其他文字

26 在工具箱中单击【椭圆工具】按钮 ○，在文档窗口中按住 Shift 键绘制一个正圆，在【色板】面板中将【描边】设置为无，将【填色】设置为如图 7-128 所示。

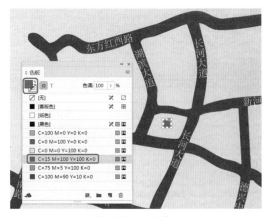

图7-128　设置填色

27 在工具箱中单击【钢笔工具】按钮，在文档窗口中绘制如图 7-129 所示的图形。

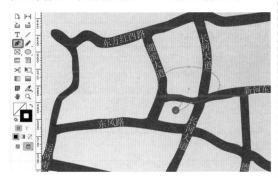

图7-129　绘制图形

28 按 F6 键打开【颜色】面板，在面板中将【填色】的 CMYK 值设置为 0、0、0、0，将【描边】设置为无，如图 7-130 所示。

图7-130　设置填色及描边

29 在工具箱中单击【文字工具】按钮，在文档窗口中绘制一个文本框。输入文字，将

输入的文字选中，在控制栏中将【字体】设置为创艺简黑体，将【字体大小】设置为 22 点，如图 7-131 所示。

图7-131　设置字体与字体大小

30 按 W 键预览效果，如图 7-132 所示，对完成后的场景进行保存即可。

图7-132　完成后的效果

7.4　思考与练习

1. 在【文本绕排】面板中提供了几种文本绕排的形式？

2. 使用什么工具可对图形框架或空白文本框架等进行剪切？

附录 1 InDesign CC 常用快捷键

文件菜单

新建文档（Ctrl+N）	打开（Ctrl+O）	关闭（Ctrl+W）
存储（Ctrl+S）	存储为（Ctrl+Shift+S）	存储副本（Ctrl+Alt+S）
置入（Ctrl+D）	导出（Ctrl+E）	文档设置（Ctrl+Alt+P）
文件信息（Ctrl+Alt+Shift+I）	打印（Ctrl+P）	退出（Ctrl+Q）
打印/导出网格（Ctrl+Alt+Shift+P）		

编辑菜单

还原（Ctrl+Z）	重做（Ctrl+Shift+Z）	剪切（Ctrl+X）
复制（Ctrl+C）	粘贴（Ctrl+V）	粘贴时不包含格式（Ctrl+Shift+V）
贴入内部（Ctrl+Alt+V）	拼写检查（Ctrl+I）	清除（Backspace）
应用网格格式（Ctrl+Alt+E）	直接复制（Ctrl+Alt+Shift+D）	多重复制（Ctrl+Alt+U）
全选（Ctrl+A）	全部取消选择（Ctrl+Shift+A）	在文章编辑器中编辑（Ctrl+Y）
快速应用（Ctrl+Enter）	查找/更改（Ctrl+F）	查找下一个（Ctrl+Alt+F）
粘贴时不包含网格格式 （Ctrl+Alt+Shift+V）		

版面菜单

添加页面（Ctrl+Shift+P）	选择第一页（Ctrl+Shift+Numpad 9）	选择上一页（Shift+Numpad 9）
选择下一页（Shift+Numpad 3）	向前（Ctrl+Numpad 3）	选择下一跨页（Alt+Numpad 3）
选择上一跨页（Alt+Numpad 9）	转到页面（Ctrl+J）	向后（Ctrl+Numpad 9）
选择最后一页 （Ctrl+Shift+Numpad 3）		

文字菜单

【字符】面板（Ctrl+T）	【段落】面板（Ctrl+Alt+T）	制表符（Ctrl+Shift+T）
【字形】面板（Alt+Shift+F11）	【字符样式】面板（Shift+F11）	【段落样式】面板（F11）
复合字体（Ctrl+Alt+Shift+F）	避头尾设置（Ctrl+Shift+K）	创建轮廓（Ctrl+Shift+O）
显示隐含的字符（Ctrl+Alt+I）	添加下划线（Ctrl+Shift+U）	添加删除线（Ctrl+Shift+/）
上标（Ctrl+Shift+=）	下标（Ctrl+Alt+Shift+=）	添加段落线（Ctrl+Alt+J）

对象菜单

移动（Ctrl+Shift+M）	再次变换序列（Ctrl+Alt+4）	置于顶层排列（Ctrl+Shift+]）
前移一层排列（Ctrl+]）	后移一层排列（Ctrl+[）	置为底层排列（Ctrl+Shift+[）
选择上方第一个对象 （Ctrl+Alt+Shift+]）	选择上方下一个对象 （Ctrl+Alt+]）	选择下方下一个对象 （Ctrl+Alt+[）

续表

选择下方最后一个对象 （Ctrl+Alt+Shift+[）	编组（Ctrl+G）	取消编组（Ctrl+Shift+G）
锁定（Ctrl+L）	解锁跨页上的所有内容 （Ctrl+Alt+L）	隐藏内容（Ctrl+3）
显示跨页上的所有内容 （Ctrl+Alt+3）	按比例填充框架 （Ctrl+Alt+Shift+C）	按比例适合内容 （Ctrl+Alt+Shift+E）
【投影】效果（Ctrl+Alt+M）	建立复合路径（Ctrl+8）	释放复合路径（Ctrl+Alt+Shift+8）

视图菜单

叠印预览（Ctrl+Alt+Shift+Y）	放大视图（Ctrl+=）	缩小视图（Ctrl+-）
使页面适合窗口（Ctrl+0）	使跨页适合窗口（Ctrl+Alt+0）	以实际尺寸显示视图（Ctrl+1）
显示完整粘贴板（Ctrl+Alt+Shift+0）	演示文稿屏幕模式（Shift+W）	快速显示模式（Ctrl+Alt+Shift+Z）
典型显示模式（Ctrl+Shift+9）	高品质显示模式（Ctrl+Alt+Shift+9）	显示/隐藏标尺（Ctrl+R）
隐藏框架边缘（Ctrl+H）	显示文本串接（Ctrl+Alt+Y）	隐藏参考线（Ctrl+;）
锁定参考线（Ctrl+Alt+;）	靠齐参考线（Ctrl+Shift+;）	智能参考线（Ctrl+U）
显示基线网格（Ctrl+Alt+'）	显示文档网格（Ctrl+'）	靠齐文档网格（Ctrl+Shift+'）
显示版面网格（Ctrl+Alt+A）	靠齐版面网格（Ctrl+Alt+Shift+A）	隐藏框架字数统计（Ctrl+Alt+C）
隐藏框架网格（Ctrl+Shift+E）		

窗口菜单

变换（F9）	表（Shift+F9）	对齐（Shift+F7）
对象样式（Ctrl+F7）	分色预览（Shift+F6）	控制（Ctrl+Alt+6）
链接（Shift+Ctrl+D）	描边（F10）	色板（F5）
索引（Shift+F8）	透明度（Shift+F10）	图层（F7）
信息（F8）	颜色（F6）	页面（F12）

工具

选择工具（V）	直接选择工具（A）	页面工具（Shift+P）
间隙工具（U）	内容收集器工具（B）	文字工具（T）
路径文字工具（Shift+T）	直线工具（\）	钢笔工具（P）
添加锚点工具（=）	删除锚点工具（-）	转换方向点工具（Shift+C）
铅笔工具（N）	矩形框架工具（F）	矩形工具（M）
椭圆工具（L）	水平网格工具（Y）	垂直网格工具（Q）
剪刀工具（C）	自由变换工具（E）	旋转工具（R）
缩放工具（S）	切变工具（O）	渐变色板工具（G）
渐变羽化工具（Shift+G）	颜色主题工具（Shift+I）	吸管工具（I）
度量工具（K）	抓手工具（H）	缩放显示工具（Z）

附录2　参考答案

第1章

1.（1）单击工具箱中的【选择工具】按钮，在文档中选择需要旋转的对象。

（2）在工具箱中单击【旋转工具】按钮，将原点从其限位框左上角的默认位置拖动到限位框的中心位置。

（3）在限位框的内外任意位置处单击并拖动鼠标，即可旋转对象。

2.（1）在工具箱中单击【选择工具】按钮，在文档中选择需要编组的对象。

（2）在菜单栏中选择【对象】|【编组】命令，或按 Ctrl+G 组合键。

（3）即可将选择的对象编组。选中编组后的对象中的任意一个对象，其他的对象也会同时被选中。

第2章

1. 输入文本、粘贴文本、拖放文本、导出文本。

2. 选择文本、删除和更改文本、还原文本编辑。

第3章

1. 将鼠标指针移至文本框架的任意一个角上，当光标变成↻样式后，单击并向任意方向拖动鼠标，即可旋转文本。

2. 使用文字工具选中文本，在【字符样式】面板中选择要应用的字符样式，这时页面中的文本发生变化。

第4章

1. 可以在【链接】面板中单击【转到链接】按钮 ↵ 来转到链接对象。或者在【链接】面板中选择要查找的图像，单击鼠标右键，在弹出的快捷菜单中选择【转到链接】命令，同样也可以快速查找到所选的图像。

2. ① 使用【新建主页】对话框创建主页；

② 以现有页面为基础创建主页。

第5章

1. 在工具箱中选择【选择工具】 ▶，在文档窗口中选择需要转换的图形，然后在菜单栏中选择【对象】|【转换形状】命令，在弹出的子菜单中可以选择要转换的图形。除此以外，还可以通过在菜单栏中选择【窗口】|【对象和版面】|【路径查找器】命令，在【路径查找器】面板中单击【转换形状】选项组中的按钮，实现不同形状之间的转换。

2. 在选择多条路径时，在菜单栏中选择【对象】|【路径】|【建立复合路径】命令，可以把多个路径转换为一个对象。【建立复合路径】选项与【编组】选项有些相似，它们之间的区别是在编组状态下，组中的每个对象仍然保持其原来的属性，例如描边的颜色和宽度、填色或者渐变色等；相反，在建立复合路径时，最后一条路径的属性将被应用于所有其他的路径上，使用复合路径可以快速地制作一些其他工具难以制作的复杂图形。

第6章

1.【制表符】面板中有 4 个设置制表符的对齐方式的功能按钮，分别是【左对齐制表符】按钮 ↓、【居中对齐制表符】按钮 ↓、【右对齐制表符】按钮 ↓ 和【对齐小数位（或其他指定字符）制表符】按钮 ↓。

2. 使用【文字工具】 T 选择需要拆分的单元格，在菜单栏中选择【表】|【水平拆分单元格】命令，或在选中要拆分的单元格后，单击鼠标右键，在弹出的快捷菜单中选择【水平拆分单元格】或【垂直拆分单元格】命令。

第7章

1. 沿定界框绕排、沿对象形状绕排、上下型绕排、下型绕排。

2. 剪刀工具。